# 激发孩子兴趣的
# 植物百科

冰河　编著

中国纺织出版社有限公司

## 内 容 提 要

亲近大自然，让孩子们仔细观察植物的生长历程，认识植物的生命特点以及季节性，能够培养孩子们热爱自然的情感，让孩子们融入自然，亲近自然。而向孩子们普及生物多样性的科学知识，能够引导孩子们在亲近大自然的过程中，形成对植物多样性及生态环境的保护意识。

本书阐述了植物的起源、分类以及植物如何生长等内容，同时介绍了有趣的植物世界，别开生面地展现了一个有趣的“植物王国”。


**图书在版编目（CIP）数据**

激发孩子兴趣的植物百科 / 冰河编著. -- 北京：中国纺织出版社有限公司，2024.4

ISBN 978-7-5229-0304-0

Ⅰ.①激… Ⅱ.①冰… Ⅲ.①植物—少儿读物 Ⅳ.①Q94-49

中国国家版本馆CIP数据核字（2023）第018988号

责任编辑：刘桐妍　　责任校对：高　涵　　责任印制：储志伟

中国纺织出版社有限公司出版发行

地址：北京市朝阳区百子湾东里A407号楼　邮政编码：100124

销售电话：010—67004422　传真：010—87155801

http://www.c-textilep.com

中国纺织出版社天猫旗舰店

官方微博 http://weibo.com/2119887771

三河市延风印装有限公司印刷　各地新华书店经销

2024年4月第1版第1次印刷

开本：710×1000　1/16　印张：10

字数：80千字　定价：49.80元



凡购本书，如有缺页、倒页、脱页，由本社图书营销中心调换

# 前言
PREFACE

对孩子来说，最好的老师就是大自然。通俗来说，大自然是与人类社会相区别的物质世界。自然界是客观存在的，是人类赖以生存的基础。在大自然里，有象征着和平与生命的植物。

植物对人类的重要性不言而喻，生活中，我们的衣食住行都与植物息息相关。而人类认识植物的历史悠久，早在7000多年前，人类就从禾本科植物中选育出水稻等农作物。2500年前的《诗经》中，记录了130多种植物，其中大部分植物的名字一直沿用到今天；在先秦古籍《山海经》中，我们的祖先将植物分为木类和草类；南北朝时期的《神农本草经集注》中收录了730种植物，同时按照植物的习性和栽培类别把它们分为草、木、果、米、谷等类别；明朝时期，李时珍在《本草纲目》中收录了1195种药用植物。可以说，从古至今，人们对于植物的认识是非常深刻的。

释迦牟尼在菩提树下成道，在鹿野苑的树林里传道；亚里士多德在林荫道上与弟子们探讨学问；孔子在老杏树下设坛，读书、论道、弦歌、鼓琴。这些名震古今中外的思想者们愿意与植物为友，也许他们早已意识到了植物让人宁静，开启灵性，因此不约而同地选择了在有植物的环境中传道授业。现代社会，大部分孩子都生活在城市，高楼隔绝了孩子们了解植物的途径。许多孩子甚至分不清小麦和水稻、韭菜和蒜苗，他们也不知道家门口的那棵树、那株草、那朵花叫什么名字，每天匆匆上学，也不会注意到树木是不是发芽了、开花了、结果了、落叶了，就更别说了解这些植物的生活习性，挖掘其价值了。对孩子来说，孩提时代正是对世界充满好奇的阶段，更应该接触自然、认识植物，我们应激发他们的兴趣，活跃他们的思维，从而培养孩子纯真的性格。

自然主义者约翰·缪尔说：“只要遇到一种新的植物，我就会在它的旁边坐上一分钟或是一天，试着和它交朋友，聆听它想说的话。”孩子们，不妨暂且放下手中的试卷，用一小会儿的功夫，读读这本植物百科，看看身边的花草树木，尝试着与草木共生律动，学会欣赏朴素的自然之美。

编著者

2022年3月

目录
CONTENTS

# 第01章

# 人类发现植物的历史

## 走进植物的历史

生物在哪里呢？其实，生物就在我们身边，它们遍布地球各个角落，展现着顽强的生命力。不过，这些丰富多彩的生物到底是怎么产生的呢？而生命在地球上最初诞生又是什么时候呢？

日常生活中，我们总会看见身边各种各样的植物，这些植物经历了过去漫长的岁月，由最初的低级到高级，从简单到复杂，又从水生到陆生，最后才演变成今天的样子。

植物从一个小小的微生物开始萌芽，渐渐成长为一个庞大的物种。植物生长的历史就是一本物种的进化史。几亿年前，植物最初形成，之后就慢慢在地球站稳了脚步。

可以说，海洋是地球生命的孵化地，在这里出现了最早的植物，就是蓝藻和细菌，当然，它们也是地球早期出现的生物。在结构上，它们比蛋白质团更进步，不过比起现在最简单的生物却有不少差距。那时的这些生物没有细胞结构，甚至没有细胞核，所以被称为原核生物。直至今天，我们在古老的地层中还能找到一些原核生物残存的化石。

由于蓝藻繁衍比较快，数量越来越多，它们在新陈代谢中可以释放氧气，所以有效地改造了大气的成分。而生物在进化过程中，慢慢可以自己利用太阳光和无机物制造有机物质，于是出现了细胞核，产生了红藻和绿

藻等新生物类型。藻类在地球上曾有过一段几万世纪的全盛时代——藻类时代，它们植物体的组织逐渐复杂起来，变得更加完善。

植物不断更新换代，过了几亿年之后，第一批苔藓植物出现了。与藻类植物一样，苔藓植物也没有花，没有果实和种子，没有明显的根茎叶，但是看起来比藻类植物更高级了一些。

生物经过发展，变得越来越丰富。在藻类植物、苔藓植物的基础之上发展起来的蕨类植物出现了，比起前两种植物，它有明显的根茎叶的分化，且植物的主茎里含有疏导组织。不仅如此，蕨类植物的叶子后面有孢子囊，这些植物们已经能用孢子来繁殖，它们以这种方式慢慢占满了陆地。

随后，裸子植物登陆地球。裸子植物进化出了花粉管，它们完全摆脱了对水的依赖，形成茂密的森林，地球开始进入裸子植物时代。为了更好地繁殖，裸子植物有了根、茎、叶、花，最重要的是，它们进化出了更先进的东西——种子。裸子植物的种子与孢子相比外面有一层保护层，可以让植物的存活率大大提高。这是种子的第一层保护层。

大约1亿年以前，在地球上出现了植物界最大的家族——被子植物。它们快速发展起来，整个植物面貌与现代植物已十分接近，直到现在，地球还是被子植物的时代。被子植物的种子的外面又多了一层保护层。果皮包裹着种子形成果实，有的果实颜色鲜艳、味道可口，吸引动物们来采摘或食用，然后再利用动物把种子带到更远的地方去，让种子在更远的地方繁殖下去。被子植物的花也变得更加美丽，吸引昆虫来授粉，这样就会产生更多的种子，以便于更好地传播繁衍。

当然，被子植物并不是植物进化的终结者。随着植物不停进化，以后肯定还有更加高等的植物出现。生命始终生生不息，植物的进化也不会停止，地球生命也会一直延续下去。

就这样，植物在漫长的岁月中，几经巨大而又极其复杂的演变过程，由无生命力到有生命力，由低级到高级，由简单到复杂，由水生到陆生，才出现了今日形形色色的植物世界。

植物的这一进化历程，可以比作一棵有很多树杈的大树，通常被称为植物进化系统树，或植物界进化系统图。

## 植物与人类的关系

植物与人类的关系是密不可分的，在人类的日常生活中随处可见植物的踪影。

自古以来，植物一直在默默地改善和美化着人类的生活环境。在植物王国里约有7000多种植物可供人类食用，有不少植物具有神奇的治病效果。民间草药有5000～6000种，现代药物中有40%来自大自然。科学家还从美登木、红豆杉等植物中提取抗癌物质，其疗效十分显著。

绿色植物是生态平衡的支柱，因为植物能净化污水，能消除和减弱噪声，能监测二氧化硫、氟、氯、氨等化学物质的污染。有的植物还有耐盐碱或抗旱涝的特性，可以在各种极端条件下生存，改善土质，防风固沙。

绿色植物依靠光合作用维持生长，吸收二氧化碳，释放出人类赖以生存的氧气。据调查，林区空气中有较多的负氧离子，吸入人体后，可以调节大脑皮层的兴奋和抑制过程，提高机体免疫能力，并对失眠等有一定的疗效。还有许多植物能分泌杀菌素，杀死周围的病菌，如桉树分泌的杀菌素，能杀死结核菌；一棵松树一天一夜能分泌2千克杀菌素，可杀死痢疾、伤寒等疾病的病菌。

植物的用途十分广泛。我们都知道平时所吃的粮食和蔬果来自植物，身上的棉麻衣服来自植物，我们阅读书籍的纸张来自植物，可你知道生活

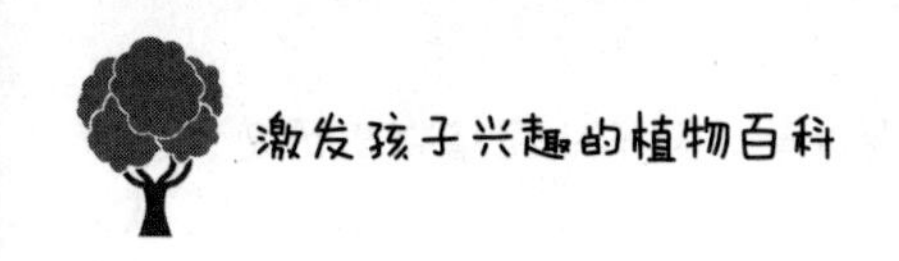


中还有哪些东西来自植物吗？其实，植物给人类提供的资源，超乎你的想象。

种植植物对人的身心都大有益处，除了能调节环境、陶冶情操之外，我们的生活有了花草的点缀也变得格外温馨。尽管种植植物好处多多，但日常种植的植物并不是越多越好，如果养了不合适的植物，还有可能损害我们的身体健康。

植物不仅供给人类衣、食、住、行的需要，也是创造人类精神文化生活的基础。人类社会的发展中，经济往来、技术交流、传递情谊，都离不开绿色植物。文学中有植物，音乐中有植物，宗教、礼仪中也都有植物，不同的植物含有不同的文化内涵。

## 人类愿意定居源于植物的诱惑

对今天的我们来说，定居是一个习以为常的生活方式。但对于我们的祖先来说，这并不是。远古时期，人们穿梭在丛林中追逐猎物，突然选择一个地方定居下来，不再迁徙，这一行为似乎需要从植物身上寻找原因。

早在远古农耕时代，人类仅能依靠有限的食物生存，他们平日里只能吃小麦、水稻这样的单一农作物，更别提用粮食去喂养动物了，所以吃肉对他们来说非常奢侈。在这一时期，每天从事狩猎的人们则拥有较为丰富的食物，他们不仅可以吃到植物的嫩叶和浆果，还可以通过狩猎吃到动物的肉和蛋，还能吃到在森林里采摘的蘑菇。在我们今天看来，远古时期狩猎的人饮食相对健康，在蛋白质、脂肪、碳水化合物以及各种维生素的综合作用下，他们的生活简直称得上“小康水平”。

但是，狩猎人假如想过稳定的生活，必须有无尽的资源支持，比如大面积的森林、草原或者海洋。但是，并不是所有环境都能满足出门就可采摘到水果，上山就能捕捉到猎物的要求。不过，这些人最终还是停止了奔波，选择定居下来，而促使他们做出这样决定的就是植物。

人们通过长期的生活实践活动之后，明白只要记住不同区域果实成熟的时间，了解不同植物的生长特点和不同动物的生活特点，有效利用每一种自然资源，就可以定居下来安居乐业。人们开始利用一种稳定的、可以

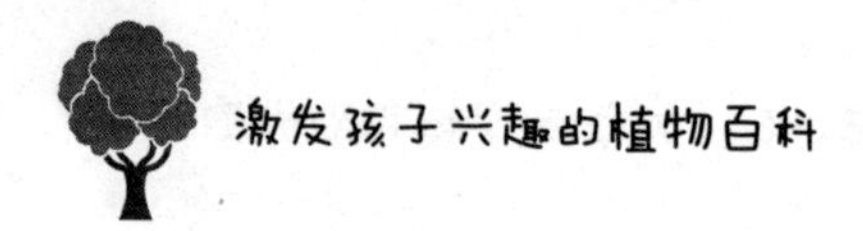


长时间储存的热量来支撑生活，那就是植物的种子。我们的祖先发现有些地方会定期长出谷物，而不小心洒掉的谷物也会长出幼苗，而这恰恰能够提供给他们稳定的食物资源。于是，人们渐渐停下了脚步，选择与谷物相伴生活，通过种植等方式来获得更多的谷粒，以此解决温饱。

所以，人类愿意定居，真正的原因是来自植物的诱惑。

## 世界上第一位植物学家

你知道世界上第一位植物学家是谁吗？

他就是嵇含，西晋“竹林七贤”之一嵇康的侄孙，也是世界上最早的区系植物学家，他的《南方草木状》一书被誉为“世界上最早的区系植物志”。

嵇含出生在仕族世家，“竹林七贤”之一的嵇康就是他的叔祖父。嵇含是嵇康的儿子嵇绍抚养长大的，叔父嵇绍像对亲生儿女一样爱护、关心、培养他。他一直到出仕才离开叔父身边。

西晋永兴四年（公元304年），嵇含在军队任职，他每到一处就悉心了解当地风土习俗，将别人讲述的岭南一带的奇花异草、巨木修竹一一记下来，整理、编辑成《南方草木状》一书，这是我国现存最早的古代植物学文献之一。

《南方草木状》这部著作，纲目分明，条分缕析。它在形式上分条叙述，但内容各异，互不牵连，所以可以独立成篇。嵇含按照事物本身的条理性和人们的认识规律，有层次地把叙述和议论交替进行，不仅使读者对植物的形态、用途有所了解，也领会到其中包含的哲理。这部著作的问世，客观上推动了当时笔记文学的发展。

除了记录植物学知识，《南方草木状》还首次记载了我国劳动人民利

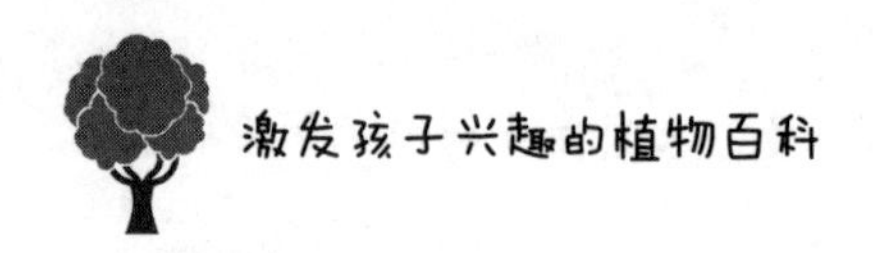


用益虫防除害虫的生物防除法。书中介绍了这样一个案例：当时广东地区栽培的柑橘有很多害虫，种柑橘的人便用一种蚂蚁来防虫，这种蚂蚁能在树上营巢，专吃柑橘树上的害虫，因此，经常有人从野外捉这种蚂蚁来卖给管理果园的人，渐渐地，“卖蚂蚁”成为一种职业。

利用天敌防除害虫的思想，在西方19世纪后期才见于学者的著作中，而《南方草木状》中早有这种思想，让我们不得不佩服先人的智慧。

《南方草木状》是世界上最早的区系植物志，比西方植物学专著要早一千多年。因此，我们说嵇含是世界上可考的第一位植物学家，是当之无愧的。

## 改变世界历史的植物们

说起植物，很多人首先想到的就是家里好看的盆栽，也可能是公路两旁整齐的行道树，或者是能作为食物的蔬菜。其实，大家不知道的是，有些在我们看起来非常普通的植物，却在历史长河中扮演着重要的角色，甚至改变了世界的历史。

### 源于中国的茶叶

众所周知，中国是最早熟知茶的生产及加工技术的国家，不过，当时饮茶的习惯也仅仅流行于中国及周边一些国家，后来是阿拉伯人把茶叶传播到了全世界。

大约公元850年时，阿拉伯人通过丝绸之路获得了中国的茶叶。1559年，他们把茶叶经由威尼斯带到了欧洲。当时的欧洲，只有贵族才会饮茶，而且由于茶叶昂贵，很少人能喝得起茶。17世纪初，颇具商业眼光的英国东印度公司瞅准了茶叶贸易的商机，花了整整66年，才取得与中国人从事茶叶贸易的特许经营权。

此后，东印度公司几乎每年都要从中国进口4000吨茶叶，当时他们只能用白银与中国进行交易。东印度公司每吨茶叶的进价只有100英镑，但他们卖出的价格却高达每吨4000英镑，从中获得了巨大利润。但是，对英国

来说，用来购买中国茶叶的白银越来越少，为了筹集白银，东印度公司开始向中国非法输入鸦片，最终导致鸦片战争的爆发。

## 甜蜜与血泪交织的甘蔗

每天大量喝茶，人们更渴望一种甘甜的食物，这导致人类大迁徙的甘蔗登场了。

最早的甘蔗种植是在亚洲，那时人们就知道从甘蔗汁里可以提炼出糖。当亚洲人在品尝糖时，同一时期的欧洲人在品尝一样甘甜的蜂蜜。直到11世纪，东征的十字军骑士才在叙利亚尝到糖的甜味。当时，只有在欧洲王室、贵族和高级神职人员的餐桌上才能看到糖，享用高价进口的糖成了一种炫耀财富的方式。

新航路开辟后不久，西班牙、葡萄牙等国开始在加勒比海地区种植甘蔗。甘蔗种植园如雨后春笋般在这些岛屿上迅速增加。在英属巴巴多斯岛上，仅有430平方公里的弹丸之地上竟有900多个甘蔗种植园。糖产量的增加导致糖的价格急剧下降，于是糖进入了每一户普通人家。

糖对世界产生的影响不仅是在饮食上，它直接导致了跨越洲际的人口大迁徙，不过这是在强制贩卖黑人奴隶的背景下发生的。甘蔗的栽培费时且费力，它需要大量的劳动力。所以，当欧洲国家在加勒比海地区的殖民地大肆兴建甘蔗种植园时，他们首先想到了从非洲运进大量奴隶来进行劳作。结果，加勒比海地区乃至南美地区的人口构成，随着甘蔗种植园的不断增加而发生了惊人的变化。所以说，糖的甜蜜是与奴隶的血与泪掺在一起的。

## 养活了世界的土豆

生活中，“土豆烧牛肉”是一道日常菜肴。不过，你是否知道土豆曾经改变了整个世界吗?

土豆的产量高，而且适于各种生长条件，它所含有的丰富的淀粉可以提供一定的营养价值，于是成为世界范围内的重要农作物。土豆原产于南美洲的安第斯山区，后来是新航路的开辟者们把土豆带到了欧洲，并传播到世界各个地方。土豆，也因此成为世界第四大农作物。

在中世纪的欧洲，一亩土豆田和一头奶牛就可以养活一家人，可以说土豆弥补了谷物收成不足所带来的粮食短缺。18世纪中期，一场突发的植物枯萎病横扫爱尔兰，几乎摧毁了当地的土豆种植业。土豆的大幅度减产导致了爱尔兰大饥荒的爆发，短短两年内，就有一百多万人死于饥饿、斑疹伤寒和其他疾病。

土豆对世界的意义在于它养活了更多的人，其亩产量是谷物的3～4倍，因而能够代替谷物满足人类不断增长的食物需求。在东欧，土豆代替了面包成为贫穷百姓的主要食物。某种程度上，人们正是因为食用了土豆，才提高了健康水平，也因此能够有更多合格的劳动力来推动世界的发展。人类的生活和生产得以继续，土豆功不可没。

# 第02章

# 走进植物大家庭

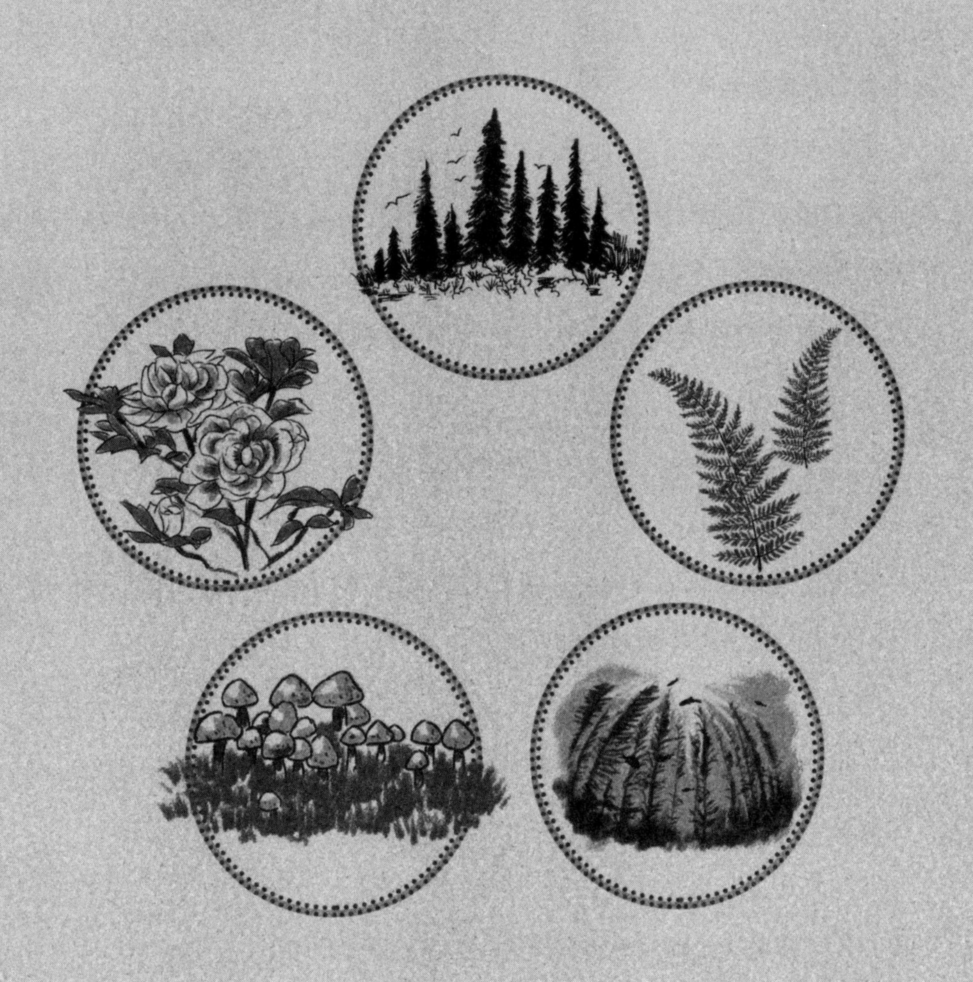

## 藻类植物是绿色生命的起源

植物最明显的特点就是通过光合作用，利用太阳能制造营养，然后为其他生命提供能量。你知道吗，植物的光合作用并非一开始就有的，而是在进化中慢慢形成的。

大约在40亿年前，地球开始诞生生命。最早的生命生活在原始海洋中，它们最初是从海洋中吸取有机物来为自己提供营养，还不能利用太阳制造营养物质。但是，海洋中的养分毕竟是十分有限的，于是，一些生命为了获得更多的生存机会，便开始尝试利用太阳能这一巨大而稳定的能源。

在距今约35亿年的时候，最初的光合生命——光合细菌诞生了。这些原始生命终于可以自食其力，它们利用环境中有限的硫化氢作为反应物质，同时利用自身合成的菌绿素对太阳能进行吸收和转化，从而为自身提供营养，不过当时这一过程的效率非常低。

经过了上亿年的发展，叶绿素A和藻胆蛋白代替了集光效率较低的菌绿素，于是，以蓝藻为代表的最早的植物出现了，它们拥有了叶绿素和叫作“类囊体”的光合反应器，这已经是比较高级的反应模式了。蓝藻利用广泛存在的水作为光合作用反应物，然后通过光合作用释放氧气，这对地球表面的大气环境从无氧变为有氧环境产生了很大的作用。

蓝藻是单细胞原核生物，它的诞生在植物进化史上是一个巨大的飞跃。随后，在逐渐进化的过程中，拥有叶绿体的多细胞真核藻类出现了，绿藻是真核藻类中最大的家族。叶绿体这个“设备”更加先进、更加高效，绿藻的光合作用效率大大提高，光合作用机制基本成熟。此外，绿藻的细胞结构与高等植物较相似，因此科学家认为绿藻很可能是现今所有陆生绿色高等植物的祖先。

## 藻类植物的特性

藻类植物是植物界里最原始的低等类群，比起高等植物，它们的基本构造和功能有很大的差异，植物学上把藻类植物称为原植体植物。

藻类植物的类型多种多样，不过它们具有很多共同特征。比如结构简单，没有真正的根、茎、叶的分化，大部分都是单细胞、多细胞群体、丝状体、叶状体和枝状体等，只有少数具有组织分化和类似根、茎、叶的构造。单细胞藻类植物有小球藻、衣藻、原球藻等；多细胞藻类植物呈丝状的有水绵、刚毛藻等；呈叶状的有海带、昆布等，海带是可以食用的藻类植物；呈树枝状的有马尾藻、海篙子、石花菜等。藻类植物一般很小，有的只有在显微镜下方可看出它们的形态构造，当然也有比较大的藻类植物，比如生长在太平洋中的巨藻。

与高等植物一样，藻类植物的细胞内也有叶绿素、胡萝卜素、叶黄素，不同的藻类还可能含有藻蓝素、藻红素、藻黄素等其他色素，因此，不一样的藻体呈现出不一样的颜色。藻类植物又被称为“自养植物”，是因为藻类含有叶绿素等光合色素，是可以进行光合作用的。各种藻类通过光合作用制造的养分，以及所贮藏的营养物质是不同的，如蓝藻贮存的是蓝藻淀粉、蛋白质粒，绿藻贮存的是淀粉、脂肪，褐藻贮存的是褐藻淀粉、甘露醇，红藻贮存的是红藻淀粉等。

藻类植物的分门各有不同，一般分为蓝藻门、绿藻门、裸藻门、轮藻门、金藻门、甲藻门、褐藻门、红藻门等，已知的藻类约有2.7万余种，分布于世界各地，生活环境多为水生，少数陆生，生长于各种水湿条件下。

藻类植物营养价值较高，富含矿质营养和微量元素，对人体有重要的保健作用。人们常食用的藻类植物有蓝藻门的葛仙米、发菜，绿藻门的小球藻、石莼，褐藻门的海带，红藻门的紫菜等。许多藻类植物还是水中经济动物（鱼、虾）的饵料，对于发展养殖业有重要意义，但是有些藻类也能引起鱼类疾病，比如有些蓝藻能分泌毒素。沿海发生的红潮，也是由于藻类植物引起的有害生态现象，会造成渔业减产。

藻类植物还有固氮作用，蓝藻的固氮作用是通过细胞内的固氮酶活动

进行的，固氮能力较强。另外，褐藻和红藻中还可提取许多物质，如藻胶酸、琼脂、卡拉胶等，可以制造人造纤维和食品添加剂。在医药上藻胶酸钙为止血药，褐藻碘可治疗和预防甲状腺肿。藻类植物还可以净化废水、消除污染，有些藻类有吸收和富集毒素的能力。一些有毒物质可以通过藻体内的解毒作用和生理过程逐步分解和消除，以达到净化废水、消除污染的目的。

## 什么是蕨类植物

有人这样形容蕨类植物：它们和恐龙生活在一个时代，低调内敛，从不开花，最大的特点就是靠孢子繁殖。

距今大约4亿年前，蕨类植物出现了，它是泥盆纪时期陆生植物的主角。

众所周知，蕨类植物主要依靠孢子来繁殖它们的后代，这就是它们的特别之处。由于蕨类植物需要水才能繁衍后代，所以它们离不开水源。

你知道吗？地球上的优质煤基本上是由石炭纪时的大型蕨类植物形成的。

古生代时期，鳞木、芦木等一些蕨类植物都比较高大，它们绝大多数在中生代以前灭绝了，被埋在地层中渐渐形成了煤。

现代的蕨类植物，大部分生长在湿润阴暗的丛林里，而且形态比较矮小，不过它们却有着十分顽强的生命力，主要分布在地球的亚热带和热带地区。事实上，桫椤是如今世界上唯一幸存的木本蕨类，其他蕨类都是草本。

蕨类植物在地球上已经生存了3亿多年，远在恐龙出现之前，它们就和石松、马尾植物共同占据着闷热的原始沼泽森林。几乎所有的蕨类植物都有维管化的茎，大多数蕨类植物在它们的根和叶中也有维管组织。

泥盆纪晚期，大气中的含氧量已经足够，地球的外层已形成了臭氧层，可以有效阻挡紫外线的直接辐射，这些条件都对生物的陆地生活十分有利。这时，某些裸蕨植物慢慢变成具有根、茎、叶分化的蕨类植物。到了石炭纪和二叠纪早期，蕨类植物大量繁育，非常旺盛，形态常常是木本大树，组成了当时独特的蕨类植物森林，这一时期被称为“蕨类植物时代”。

蕨类植物发展早期，比较瞩目的是石松类，这是蕨类家族中最古老的一个类群，距今3.7亿年前的泥盆纪早期，由裸蕨植物中的工蕨类植物进化而来。石松类植物长得十分茂盛，但是由于它们大部分都是草本植物，形态结构十分简单，有的甚至还没有分化叶和根。经过了大约1100万年的演化，石松类植物开始朝着两个方面发展：成为草本，或是成为木本。石松类植物的草本类型，主要有石松和卷柏；木本类型主要有生活在石炭纪、二叠纪的鳞木和封印木。

泥盆纪晚期到石炭纪，生长在热带沼泽地带的石松类植物十分茂盛，但是它们的一些原始特点限制了自身发展。到了古生代末期，由于地壳运动，气候十分干燥，沼泽面积不断减小，木本的石松类植物很快就绝迹了，只有少部分草本石松类在潮湿的环境中生存下来，一直生活到今天。

蕨类植物有1.2万多种，其中真蕨类植物是现存的最大类群，它们的叶形体很大，常为羽状复叶，是典型的蕨形叶，故名真蕨。在石炭纪晚期到二叠纪期间，真蕨类植物进入繁盛生长期，个体有大有小，种类数以万计，大型木本蕨类得到了极大的发展，出现了许多高大的真蕨植物——树蕨，在潮湿热带地区形成了大片的热带雨林。在真蕨的进化过程中，出现了两个旁枝，那就是槐叶萍和满江红，它们后来又回到了水中生活，成为多年生的浅水草本植物。

到了距今3.5亿年~2.25亿年的石炭纪、二叠纪，桫椤与其他高大的木本蕨类植物如芦木、鳞木、封印木等一起组成了当时地球上繁盛的陆地森林。到了古生代末期，地壳的运动，造成了世界性的气候变化，喜欢湿热的蕨类植物走向了衰落，许多高大的乔木完全灭绝了，地球历史上的“蕨类植物时代”也随之结束。从石炭纪到二叠纪，这些蕨类植物的遗体大量堆积，然后又被掩埋在湖泊沼泽之中，经过变质而炭化，时间长了，形成了大范围的厚厚的煤层，地质史上的石炭纪也因此得名。

## 蕨类植物的繁殖

蕨类植物的生长经过了孢子体阶段、配子体阶段，今天我们所看见的那些生长在林地和花园中的羽蕨都是孢子体。孢子体有地下茎（根状茎），茎上覆盖着纤细的鳞毛。蕨类植物的孢子体可以存活好多年，在一些季节分明的地区，每年秋天蕨类植物的叶子会枯萎，但来年春天，地下的根状茎又会长出新的叶子来，因为枯死的叶子会为生长点提供保护，帮助植物熬过最严寒的冬天。

尽管许多蕨类的叶片都是由分开的圆裂片组成的，但蕨类植物的形状和大小都呈现出明显的差异。有些叶子被称为羊齿卷牙或嫩叶卷头，因为叶子刚从地下长出来时是紧紧盘卷着的，看上去有点像曲柄拐杖，也有些像小提琴的卷涡形琴头。当新叶渐渐从尖端舒展开，就会发育成完全伸展的叶片。

蕨类植物的孢子体可以通过减数分裂产生孢子。孢子通常在叶片下表面产生，这里的繁殖区域会发育出孢子囊。通常来说，孢子囊成串地生长在一起，形成孢子囊群。孢子囊在不同种类的蕨类植物中会呈现不一样的特点，有些是赤裸的，有些还有一层薄膜组织。在孢子囊中，孢子母细胞会进行减数分裂，形成单倍体孢子。孢子成熟以后，孢子囊就会破裂，并将孢子射向空中，在风的作用下，孢子通常能够到达很远的地方。当这些

孢子在条件适宜的湿润地带，比如森林地被层的潮湿土壤上着陆后，它们就会通过有丝分裂生长成为成熟的配子体。处于配子体阶段的蕨类植物看上去完全不像它们在孢子体阶段的样子，它们的个体很小很薄，呈一个心形的平面，像叶片一样，被称为原叶体。它们贴着地面平展地生长。

蕨类植物的生命周期是在有性阶段和无性阶段之间交替的，通常需要4~18个月。有些蕨类植物会在小叶的下表面结出像灯泡一样的小果实，成熟后，这些果实会掉落在地上，并长成新的植株。新植株的叶子会拱起并触及土壤，于是，新长出的小植株就能在土壤里生根并继续向前“行走”。

## 菌类属于植物吗

在古代的西伯利亚，人们把菌类称为森林的孩子。菌类在地球上存在超过4亿年了，是一个大家族，可以说是无处不在，它们喜欢生长在森林阴暗的落叶之下，或者腐烂的树木里，以及土壤里，它们喜欢隐匿生长，直到长到一定的大小后，才会冲出土壤。时至今日，我们已知的菌类大约有10多万种，许多人也对此感到好奇，菌类是植物吗?

有种说法，菌类是植物。菌类主要包括细菌、粘菌、真菌三个门类。不过它不含叶绿素，所以并没有光合作用的功能，属于异养的低等植物。菌类没有根、茎和叶，所以只能是腐生或寄生，其生殖器官大多是单细胞结构，合子也不发育成胚。

还有另外一种说法，认为菌类不是植物。由于人类已经将生物界分为了五界系统，也就是真菌界、植物界、动物界、原生生物界和原核生物界，所以菌类现在已经成为了单独的门类，即真菌界。

不管菌类是植物还是非植物，改变不了的事实是，它就是大自然的一份子，是人类的好朋友，因为很多菌类会给我们人类提供很多营养。

现在我们就来看看菌类提供的营养有哪些吧。菌类的营养特点就是高蛋白，并且无淀粉，无胆固醇，而且低脂肪、低糖，富含膳食纤维和氨基酸，富含维生素和多种矿物质。一句话就是，可食用菌类集中了食品的绝大多数良好特性，所以其营养价值已经达到了人类可食用生物的顶峰。

看了以上介绍，相信大家对菌类是否属于植物，已经有了自己的思考和判断。不管菌类如何被人类界定类属，都不影响它给人类带来的营养和美味。

## 地球上的裸子植物时代

中生代也被称为裸子植物时代，这是相对古生代以孢子繁殖为特征的蕨类植物时代而言。裸子植物在古生代的晚泥盆纪就已出现，而且有不少门类，如古生代的种子蕨、舌羊齿类、科达树类等都繁盛于古生代的石炭—二叠纪。尽管如此，裸子植物最繁盛的时代还是中生代，相反，蕨类植物在中生代虽还较多，但多数已成为草本或昔日的黄花。

裸子植物明显区别于蕨类植物，主要在于它们是以种子繁殖，尽管其外无果皮保护，但比起孢子繁殖还是前进一大步了。但裸子植物的确是蕨类进化而来，如有些植物是两者的过渡类型，所以只能称其为前裸子植物，因它们仍然用孢子繁殖，但茎部却具有裸子植物发达的次生木质部和不发达的髓部等特征，如无脉树和古羊齿目的植物。

那时的裸子植物分为两大系列：一种为种子蕨纲和苏铁纲，它们茎部质地疏松、髓部发达、髓射线宽、种子辐射对称，植物体以扩大叶来增强其光合作用，所以不会形成乔木；另一种为科达纲、银杏纲、松柏纲、买麻藤纲，茎质地致密，髓部不发育、髓射线宽、种子两侧对称，靠分枝增加来扩大其光合作用，所以多成乔木。

种子蕨纲分为古生代和中生代种子蕨和舌羊齿及开通蕨类。苏铁纲包括木内苏铁和苏铁目，多为中生代。科达纲比较原始，故繁盛于古生代。

银杏纲和松柏纲虽始于晚石炭世，但都繁盛于中生代，而且中生代后绝大部分灭绝了，银杏纲只剩我国一属一种而已，松柏纲稍多点，买麻藤纲只有三个现代属。

## 现代的裸子植物

众所周知，植物界是一个庞大的世界，其中种子植物就有25万多种。种子植物又分为裸子植物和被子植物两大类。

裸子植物是世界上最古老的种子植物，它们大概出现在3亿6000万年前，种子外层没有被保护组织包被，所以是裸露着的，因此被称为裸子植物。大部分裸子植物的叶子呈现针状或鳞片状，同时具有发达的根系。除了少数裸子植物为灌木和藤蔓植物外，大多数为乔木。最初地球上的裸子植物的种类比现存的种类要多得多。

如今，裸子植物一般分为五类：苏铁纲、银杏纲、红豆杉纲、买麻藤纲和松杉纲。

1.苏铁纲

距今1亿7500万年前，地球上主要的植物种类是苏铁纲植物。其实我们今天所称的“铁树”，就是苏铁纲的。铁树只能在一些特殊的地区找到，长得像一棵带有球果的棕榈树，中心的球果能够长到足球那样大。

2.银杏纲

距今几亿年以前，银杏纲植物就出现了，而如今仍在地球上存活的只有一个品种——银杏。它能够保存至今是因为人们喜欢在花园里种植一些银杏，并精心培育。银杏树非常高大，有些可以长到25米。如今，很多城市开始广泛种植银杏树，因为这种植物能吸收城市交通工具产生的大气污染物。

3.红豆杉纲

红豆杉纲植物为木本植物，多分枝，常绿乔木或灌木。红豆杉纲植物起源较早，根据已有的化石记录，红豆杉属始见于侏罗纪，至新第三纪在欧洲、亚洲及北美洲均有分布。代表植物如红豆杉、罗汉松、香榧榧树等。

4.买麻藤纲

在众多裸子植物中，买麻藤纲植物是一种较少见的植物。这种植物一般生长在非洲南部及美洲西部炎热干旱的沙漠或一些特殊的热带雨林中。买麻藤纲植物中，有些是乔木，有些是灌木，还有些则是藤蔓植物。

5.松杉纲

松杉纲植物，或称为球果植物，是现今地球上裸子植物中数量最大、

分类最多的植物种群。最常见的松杉纲植物，如松树、红杉、雪松、铁杉和桧属植物都是常绿植物。常绿植物的叶或针状叶全年都保持绿色，在常绿植物的一生中，当老的针状叶凋落后，老叶的部位就会被新叶代替。

裸子植物的优越性主要表现在用种子繁殖上，是地球上最早用种子进行有性繁殖的植物种类。裸子植物很多为重要林木，尤其在北半球，大的森林中80%以上的树木是裸子植物，如落叶松、冷杉、华山松、云杉等；其中一些木材质轻、强度大、不弯、富弹性，是很好的建筑、车船、造纸用材。苏铁种子、银杏种仁、松花粉、松针、松油、麻黄及侧柏种子等均可入药。此外，银杏、华山松、红松等的种子可以食用。

## 什么是被子植物

种子植物不断演化，具有根、茎、叶、花、果实、种子的分化的被子植物出现了。被子植物堪称植物界最高级的一类，自新生代以来，被子植物在地球上占据绝对优势。被子植物具有真正的花，由花萼、花瓣、雄蕊和雌蕊构成，所以也被称为“开花植物”或“显花植物”。

世界各地的化石记录表明，大约1亿年前，被子植物的数量在世界各地迅速增加。那么，被子植物真的是一夜之间就“占据”了地球吗?

实际上，有关被子植物的起源，国际学术界尚未形成定论。从化石证据来看，白垩纪化石中被子植物的数量还远少于蕨类植物和裸子植物的数量，据世界公认的花粉粒化石推测，被子植物或许起源于1.3亿~1.35亿年前的早白垩纪。

自新生代以来，被子植物由于更适应环境，在数量上一直占据优势。具体来说，其优于其他植物的特点主要有以下方面：被子植物有真正的开花结果过程，所以又称显花植物；被子植物的胚珠贮藏于密闭的子房之中，存活率更高；被子植物具有发达的维管束结构组织，有更强的运输能力；被子植物的花粉可经风媒、水媒、虫媒等方式传播，提高了受精率。

目前已知的被子植物有1万多属，占植物界的半壁江山，中国有2700多属，约3万种。我们常见的萝卜、大白菜、西蓝花、花椰菜、丝瓜、西瓜、冬瓜、黄瓜、南瓜以及花卉中的满天星、菊花、芍药、牡丹、含笑、白兰、玉兰等，都是被子植物。

被子植物的用途很广。人类的大部分食物都来源于被子植物，如谷类、豆类、薯类、瓜果和蔬菜等。被子植物还为建筑、造纸、纺织、塑料制品、油料、食品、医药等提供了原料。据估计，被子植物在农业、林业和生物医药学上发挥作用的种类至少超过6000种。还有一些被子植物纯粹用于园艺观赏，栽种花卉已经成为人们美化环境、净化空气的重要手段。

# 第03章 植物的组成部分

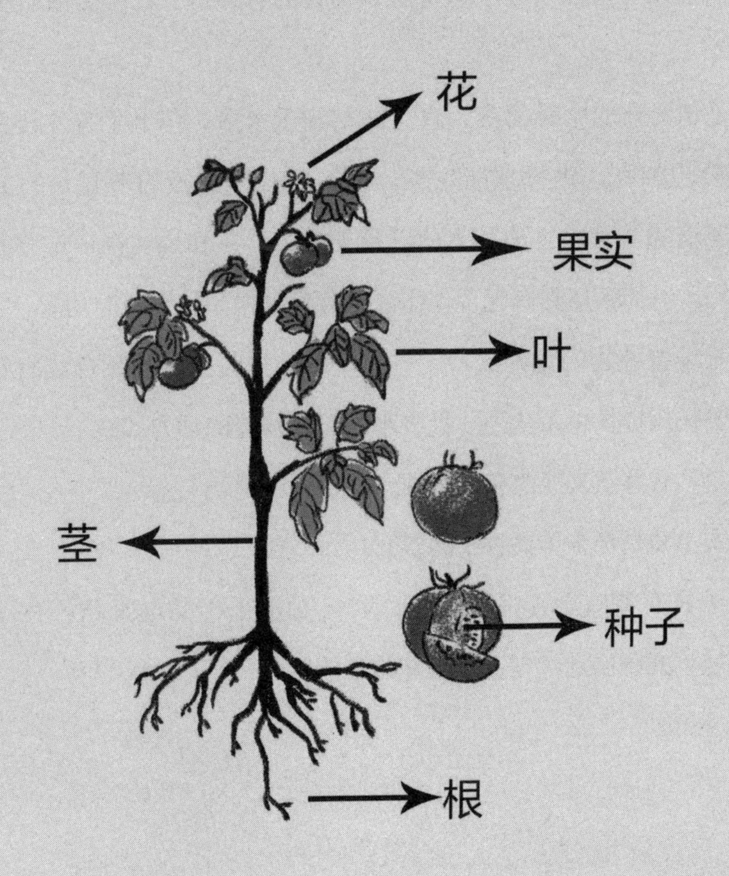

## 植物的六大器官

植物共有六大器官：根、茎、叶、花、果实、种子。

根是植物的营养器官，通常位于地表下面，负责吸收土壤里面的水分、无机盐及可溶性小分子有机质，并且具有支持、贮存合成有机物质的作用。

茎是植物体的中轴部分，直立或匍匐于水中，茎上生有分枝，分枝顶端具有分生细胞，进行顶端生长。茎一般分化成短的节和长的节间两部分。茎具有输导营养物质和水分以及支持叶、花和果实在一定空间分布成形的作用。有的茎还具有光合作用、贮藏营养物质和繁殖的功能。

叶是维管植物的营养器官之一。功能为进行光合作用合成有机物，并通过蒸腾作用提供根系从外界吸收水和矿质营养的动力。

花是具有繁殖功能的变态短枝。

果实主要是作为传播种子的媒介。

种子具有繁殖和传播的作用，有各种适于传播或抵抗不良条件的结构，为植物的种族延续创造了良好的条件。

## 深埋在地下的“根”

植物的根一般深藏在地下，它的主要作用就是固定支持植物体，吸收水分和溶于水中的矿物质，并将水与矿物质输送至茎，以及储藏养分。

种子萌发后首先出现的器官就是胚根，能够向下生长深入土壤而固持幼苗。裸子植物与双子叶植物的胚根逐渐发育成主根，主根一般向下生长，侧根或次生根则从旁边生出，诸如此类的根系系统被称为主根系统。有些植物的根因内含养料而膨大，主根就是贮藏器官，如胡萝卜。有些植物的一群根的直径大约相等，这些根络并非由主根分枝而成，而是从茎的基部长出且大量分支，称为须根系统，如禾草类等单子叶植物。

根仅自末端增长，根尖处有针箍形根冠保护。根的初生组织由外而内依次为表皮、皮层与维管柱。皮层负责将水分与溶于水的矿物质由表皮横向输送到维管柱，再由维管柱转运至植物体其他部位。皮层还贮存由叶子经维管组织向下运送来的养分。其最内层通常是一层排列紧密的细胞，称作内皮层，可调节皮层与维管组织间物质的流动。

有些根源于根以外的组织，尤多见于地下茎，称为不定根。许多植物因为能形成不定根，所以可借茎插或叶插进行营养繁殖。根不一定都长在地下，若从茎部长出，经过一段距离才着地，或一直悬在空中，则称为气根，常见于玉米、露兜树及榕树。

# 无处不在的“茎”

茎是根和叶之间起输导和支持作用的植物体重要的营养器官。与根尖一样，茎尖具有无限生长的能力，经过逐渐生长之后，陆续产生叶和侧枝，共同构成了植物体地上部分庞大的枝系。

茎的发达程度与植物的生长周期密切相关，多年生木本植物较一年生草本植物具有更为发达的茎。同属营养器官，茎与根具有基本类似的一般结构，但是为了适应输导和支持两大主要功能，茎又表现出与根不同的许多特殊结构。

## 茎的基本功能

输导和支持是茎的主要功能，除此之外，不同植物的茎还可能具有一些特殊功能。茎的功能主要有以下几个方面。

1.支持作用

茎支持着叶，让植物的叶子有规律地分布，便于充分接受阳光进行光合作用，同时也支持着花和果，便于传粉和种子的散布。

2.输导作用

茎把根从土壤中吸收的水分和无机盐输送到地上各部分，同时茎也将叶制造的有机物传输到根和植物体的其他部分，供植物利用或贮藏。

3.贮藏作用

茎有贮藏营养物质的功能 ，如甘蔗茎的营养组织细胞贮藏糖类等物质；有些植物如美人蕉、唐菖蒲、彩叶芋、郁金香等球根类花卉，还可发育形成根状茎、球茎、块茎、鳞茎等地下变态茎，其中贮藏大量营养物质，并可成为营养繁殖器官。

4.繁殖作用

多数植物的茎较易产生不定根和不定芽，生产上常利用植物的这种特性来繁殖苗木，如扦插、压条、嫁接是观赏植物常见的营养繁殖方式。

5.光合作用

幼茎通常为绿色，可进行光合作用。有些植物的叶退化，茎成长为绿色扁平状并成为进行光合作用的主要器官，如竹节蓼。

## 茎的分枝

茎的分枝是普遍现象，能够增加植物的体积，使其充分地利用阳光和外界物质，有利于繁殖新后代。各种植物分枝有一定规律。

1.单轴分枝

诸如松杉类的柏、杉、水杉、银杉等裸子植物，以及杨山毛榉等部分被子植物都是单轴分枝。它们的顶芽不断向上生长，成为粗壮主干，各级分枝由下向上依次细短，树冠呈尖塔形。

2.合轴分枝

合轴分枝指的是，茎在生长中，顶芽生长比较慢，或者很早就枯死了，顶芽下面的腋芽快速生长，代替了顶芽的作用，就这样反复交替生长成为了主干。这种主干是由很多腋芽发育的侧枝组成。合轴分枝的植株，树冠开阔，枝叶茂盛，有利于充分接受阳光，是一种较先进的分枝类型。大多见于被子植物，如桃、李、苹果、马铃薯、番茄、无花果等。

3.假二叉分枝

假二叉分枝指的是，植物的顶芽停止生长或变成花芽，顶芽下面的两个侧芽同时快速发育成两个侧枝，形似二叉分枝。这种分枝，实际上是合轴分枝的一种特殊形式，与真正的二叉分枝有根本区别。假二叉分枝多见于被子植物木犀科、石竹科，如丁香、茉莉、石竹等。

## 茎的基本类型

不同植物的茎在适应外界环境上，有各自的生长形态，使叶能有空间展开，获得充分阳光，制造营养物质，并完成繁殖后代的作用，主要有以下5种类型。

1.直立茎

直立茎指的是茎干垂直地面向上直立生长的茎。大部分植物的茎是直立茎，直立茎可能是草质茎，也可能是木质茎，如向日葵就是草质直立茎，而榆树则是木质直立茎。

2.缠绕茎

缠绕茎细长而柔软，不能直立，它们只能依靠其他物体才能向上生长，不过它们不具有特殊的攀援结构，而是缠绕在其他物体上。有些植物缠绕茎的缠绕方向是向左旋转，如牵牛、茑萝；有些是向右旋转，如金银花；也有些植物的缠绕方向可左可右，比如何首乌。

3.攀援茎

与缠绕茎相似，攀援茎也细长柔软，不能直立，唯有依赖其他物体作为支柱，以特有的结构攀援其上才能生长。根据攀援结构的不同，攀援茎可分为不同的种类，如丝瓜、葡萄之类的卷须攀援，如常春藤之类的气生根攀援，如威灵仙以叶柄的卷曲攀援，如猪殃殃以钩刺攀援，如爬山虎以吸盘攀援。在少数植物中，茎既能缠绕，又具有攀援结构，如葎草，它的茎本身能向右缠绕于其他物体上，同时在茎上也生有能攀援的钩刺，帮助柔软的茎向上生长。

4.平卧茎

这种茎通常是草质而细长，在近地表的基部即分枝，平卧地面向四周蔓延生长，但节间不甚发达，节上通常不长不定根，故植株蔓延的距离不大，如地锦、蒺藜等。

5.匍匐茎

茎细长柔弱，平卧地面，蔓延生长，一般节间较长，节上能生不定根，这类茎称为匍匐茎，如蛇莓、番薯、狗牙根等。有少数植物，在同一植株上直立茎和匍匐茎两者兼有，如虎耳草、剪刀股。在这类植物体上，通常主茎是直立茎，向上生长，而由主茎上的侧芽发育成的侧枝就发育为匍匐茎。有些植物的茎本身就介于平卧和直立之间，植株矮小时，呈直立状态，植株高大不能直立时则呈斜升甚至平卧，如酢浆草。

## 千奇百怪的“叶”

叶是植物的营养器官之一，是植物体中感受环境最大的器官。不同植物的叶子在组成结构、整体形态甚至颜色上都各有不同。

**叶的组成**

一般而言，叶子由叶片、叶柄和托叶三部分组成，比如棉花、桃、豌豆等植物的叶，这三部分都具有的叶称为完全叶。而缺少其中任何一部分或两部分的叶称为不完全叶，比如甘薯、油菜、向日葵等的叶缺少托叶，烟草、莴苣等的叶缺少叶柄和托叶，还有些植物的叶甚至没有叶片，只有扁化的叶柄生在茎上，称为叶状柄，如台湾相思树等。

禾本科植物的叶与一般植物的叶不同，它由叶片和叶鞘两部分组成。叶片呈线形或带形，为纵行平行脉序。叶鞘狭长而抱茎，具有保护、支持和输导的作用。

1.叶片

叶片是植物叶子最重要的组成部分，大多数是薄而扁平的形态，具有较大的表面积，可以缩短叶肉细胞与叶表面的距离。这些特征，既有利于气体交换和光能的吸收，也有利于水分、养料的输入以及光合产物的输出。

叶片内分布着大小不同的叶脉，沿着叶片中央纵轴有一条最明显的叶脉称为主脉，其余的叶脉称为侧脉。双子叶植物由主脉向两侧发出许多侧脉，侧脉再分出细脉，侧脉和细脉彼此交叉形成网状，称为网状脉；单子叶植物的主脉明显，侧脉由基部发出直达叶尖，各叶脉平行，称为平行脉。一些低等的被子植物、裸子植物和蕨类植物叶脉呈二叉分枝，形成叉状脉，是比较原始的叶脉。

2.叶柄

叶柄是紧接叶片基部的柄状部分，其下端与枝相连接。叶柄的主要功能是输导和支持，叶柄能扭曲生长，从而改变叶片的位置和方向，使各叶片不致互相重叠，可以充分接受阳光，这种特性称为叶的镶嵌性。

3.托叶

托叶是叶柄基部的附属物，常成对而生。它的形状和作用因植物种类的不同而不同，托叶除对幼叶有保护作用以外，有的绿色托叶还可以进行光合作用。

### 叶的基本类型及形态

一个叶柄上只有一个叶片的叶称为单叶，如棉花、桃和油菜等。在叶柄上着生两个以上完全独立的小叶片，则被称为复叶，复叶在单子叶植物中很少，在双子叶植物中则相当普遍。根据总叶柄的分枝情况及小叶片的多少，复叶可分为羽状复叶、掌状复叶、三出复叶、单身复叶。

不同植物叶的大小不同，形态各异。但就一种植物来讲，又比较稳定，可作为识别植物和分类的依据。叶的大小，差别极大，有的小如鳞片，仅几毫米，如柽柳、柏木，大者从几厘米到几十米不等。

叶片的形态主要根据长宽的比例和最宽处的位置而决定。常见的形状有鳞形、条形、刺形、针形、锥形、披针形、匙形、卵形、长圆形、菱形、心形、肾形、椭圆形、三角形、圆形、扇形、剑形等。

### 叶色多样性

一般来讲，正常叶片中叶绿素与类胡萝卜素的分子比例约为3∶1，因此使叶片呈现绿色，但由于落叶时这种比例发生改变，或者是由于花青素的存在等，使叶片的颜色发生改变，呈现红、紫、黄等色，这对丰富植物的色彩、提高观赏价值显得尤为重要。除正常的绿色外，叶色可分为以下几类：

1.新叶有色类

有些植物的新生幼叶呈现艳丽色彩。如山麻杆、天竺桂、黄连木、石楠等植物的幼叶呈红或紫红色；金叶女贞、金叶卫矛等植物的新叶呈金黄色。

2.秋色叶类

有些植物每年秋季树叶变色比较一致、持续时间较长、观赏价值较高。如鸡爪槭、枫香、南天竹、三角槭、水杉、毛黄栌等植物的秋叶呈红或紫红色；银杏、鹅掌楸、悬铃木、金钱松等植物的秋叶呈黄或黄褐色。

3.常色叶类

有些观赏植物，叶常年呈现异色，称为常色叶树。如红叶李、紫叶桃、紫叶小檗等植物叶子常年呈红或紫红色；金叶假连翘、金叶鸡爪槭、洒金千头柏、金叶榕等植物叶子常年呈黄或金黄色。

4.斑色叶类

有些植物的叶片具有其他颜色的斑点、斑块或条纹，构成金边、金心、银边、银心、洒金等斑驳彩纹，如蹄纹天竺葵、洒金桃叶珊瑚、花叶鹅掌藤、花叶艳山姜、花叶常春藤、花叶垂榕、银纹沿阶草、彩叶草等。

## 叶子的功能

叶是绿色植物进行光合作用和蒸腾作用的主要器官，同时还具有一定的吸收、繁殖和贮藏功能。

1.光合作用

绿色植物能吸收日光能量（主要在叶片内），利用二氧化碳和水合成有机物，并释放氧气，这个过程称为光合作用。光合作用是生物体内所有物质代谢和能量代谢的基础，在新陈代谢各个环节中占有独特的地位。它对自然界的生态平衡和人类的生存都具有极为重大的意义。

2.蒸腾作用

蒸腾作用是水分以气体状态从植物体内散失到大气中的过程。它对植物有着积极的意义：第一，蒸腾作用是根系吸水的动力之一 ；第二，根系吸收的矿物质，主要是随蒸腾液流上升的，蒸腾作用有利于矿物质在植物体内的运转；第三，蒸腾作用可以降低叶片的表面温度，使叶片在强烈的日光下不致因温度过高而受损害。

3.吸收与分泌作用

叶片还能将物质通过叶表面吸收进入植物体内而起作用，例如向叶面上喷洒一定浓度的肥料，就是利用叶片的吸收作用。又如，喷施农药和喷施除草剂，也是通过叶表面吸收进入植物体内而起作用的。叶片还能通过分泌作用向外泌出水滴，这种现象又被称为“吐水”。

4.繁殖作用

有些植物的叶还能进行繁殖，在叶片边缘的叶脉处可以形成不定根和不定芽。当它们自母体叶片上脱离后可独立形成新的植株。人类在繁育某些植物时就利用了叶的繁殖作用，如在繁殖柑橘、柠檬、秋海棠时，便可采用叶扦插的方法来进行。叶还有贮藏营养物质的功能，如洋葱、百合、大蒜等植物的鳞叶便是营养器官。

## 娇艳无比的“花”

花是被子植物的繁殖器官，其生物学功能是结合精细胞与卵细胞以产生种子。这一进程始于传粉，然后是受精，进而形成种子并加以传播。对于高等植物而言，种子便是其下一代，而且是各物种在自然界分布的主要手段。

“花”在生活中亦常称为“花朵”或“花卉”。广义的花卉可指一切具有观赏价值的植物（或人工栽插的盆景），而狭义上则单指所有的开花植物。

### 花的进化历程

已知最早的被子植物（有花植物），距今约有1.25亿年的历史。一些已灭绝的裸子植物，尤其是种子蕨类植物，被认为是被子植物的祖先，但尚无连续的化石证据准确地显示花的进化过程。不过，已发现的古果等被子植物化石，以及新发现的一些裸子植物化石，为被子植物特征的形成过程带来了新的提示。虽然能直接证明花朵已存在了1.3亿年的证据寥寥无几，但同时却也有旁证显示它们已有2.5亿年的历史。在大羽羊齿类植物等古老的植物化石上，竟发现了齐墩果烷这种植物用来保护其花朵的化学物质。

一般认为，花的生殖过程自始就与其他动物有关。花粉传播并不需要鲜艳的颜色和明显的形状，除非另有他用，否则只会是累赘，平白地浪费了植物的养分。一种假说认为，花外观的突然形成是其在岛屿或岛链之类的孤立地域演化的结果。在那里，有花植物可以和某些特定动物（如黄蜂）发展出共生关系，最终导致植物和其共生同伴间高度的特化。

如今，花的进化仍在继续。人类对当今的花造成了巨大影响，甚至使不少花无法自然传粉。许多观赏花卉曾经不过是些杂草，还有些喜与农作物共生，在这些情况下，最漂亮的花往往因其美丽而免于拔采，从而形成了对人工选择的特殊适应。

### 传粉方式

大多数花的传粉方式可分为两大类：

一种是虫媒传粉，即吸引和利用昆虫、蝙蝠、鸟类或其他动物传播花粉。这些花朵都有特化的形状和雄蕊的生长方式，以确保授粉者由引诱剂（如花蜜、花粉或配偶）吸引而来时，花粉粒能顺利传入其体内。

另一种是风媒传粉，即利用风力帮助传粉，例如葎草、桦树、杨树和枫树等。由于它们无需吸引动物传粉，因此花朵往往不太引人注目。风媒花一般是雌雄异花或异株，雄性花花丝细长，末端为裸露的雄蕊，而雌性花则具有长长的羽状柱头。风媒花粉通常是小颗粒，很轻，而且对动物没什么营养价值。此外，风媒花传播的花粉还可能引起部分人类的花粉过敏症。

还有些花可以自花授粉，即同一朵花中，雄蕊的花粉落到雌蕊的柱头上。自花受精能增加种子产生的几率，但也会限制遗传变异的产生。闭花受精花就是自花授粉，它们之后可能会开花，也可能不会开花，已知堇菜

科和玄参科中的许多植物就是此类花。另一方面，许多植物都有阻止自花受精的方法。有些植株上的单性雄花和雌花不会同时出现或成熟，此外对于有些植物，来自同一植株的花粉由于含有化学阻挡层而无法为其胚珠授精，这种特性称为自花不孕或自交不亲和性。

当你看到昆虫在花间飞舞，这是它们在传播花粉。当一只蜜蜂来到一朵花上时，它会沾取到花粉。当它飞到另一朵花上时，就将身体上的花粉留下，然后取得更多。蜜蜂辛勤工作的回报是它能得到含糖的花蜜作为“薪金”。

### 所有的植物都能开花吗

并不是所有的植物都能开花，只有相对高等的种子植物（裸子植物和

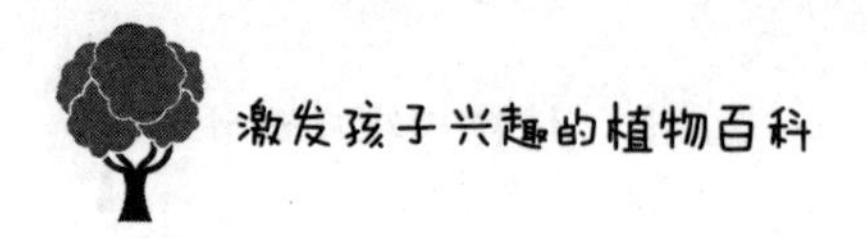


被子植物）通过开花长出种子。孢子植物一般都不开花，而是通过分裂孢子进行繁殖，各种藻类、菌类（蘑菇）、苔藓、地衣和蕨类植物也都不开花。

## 诱人的“果实”

果实是被子植物的雌蕊经过传粉受精，由子房或花的其他部分（如花托、萼片等）参与发育而成的器官。果实一般包括果皮和种子两部分，其中，果皮又可分为外果皮、中果皮和内果皮。种子起传播与繁殖的作用。

受精后，子房新陈代谢活跃，生长迅速，胚珠发育成种子，子房壁发育成果皮，果皮包裹着种子就形成了果实。单纯由子房发育成的果实称为真果，除子房外还有花托、花萼甚至整个花序都参与形成果实的称为假果。

真果的结构比较简单，其外为果皮，内含种子。果皮是由子房壁发育而成，外果皮上常有气孔、角质蜡被和表皮毛等。三层果皮的厚度不一，视果实种类而异，有的相互混合，难于区分，如番茄的中果皮和内果皮。一般中果皮在结构上变化较大，有些植物的中果皮是由多汁的、贮有丰富营养物质的薄壁细胞组成，分布有维管束，成为果实中的肉质可食用部分，如桃、李、杏等；而有些植物的中果皮则常变干收缩，成膜质或革质，如蚕豆、花生等；也有的成为疏松的纤维状，维管组织发达，如柑橘的“橘络”。内果皮在不同植物中也各有其特点，有些植物的内果皮肥厚多汁，如葡萄等，而有些植物的内果皮则是由骨质的石细胞构成，如桃、杏、李和胡桃等。

假果的结构较真果复杂，除子房外，还有花的其他部分（如花托、花萼、花冠以至整个花序）参与果实的形成。例如梨、苹果的食用部分，主要由花托发育而成，中部才是由子房发育而来的部分，但仍能区分出外果皮、中果皮和内果皮三层结构，内果皮为革质、较硬，其内为种子。在草莓等植物中，果实的肉质化部分由花托发育而来；在无花果、菠萝等植物的果实中，果实中肉质化的部分主要由花序轴、花托等部分发育而成。严格地讲，果皮是指成熟的子房壁，如果果实的组成部分，还包括其他附属结构，如花托、花被等，那么果皮的含义也可以扩大到非子房壁的附属结构或组织部分。

## 果实的分类

果实种类繁多，分类方法也是多种多样。根据果实来源，可分为单果、聚合果、聚花果三大类。

1.单果

一朵花中只有一个雌蕊发育成的果实称为单果。又可以分为肉质果和干果两类。肉质果果实成熟后肉质多汁，依果实的性质和来源不同又可以分为以下几种：浆果、核果、柑果、梨果、瓠果；干果果实成熟后，果皮干燥，又可以分为以下几种：荚果、蓇葖果、角果、蒴果、瘦果、颖果、翅果、坚果、分果。

2.聚合果

指由花内多个离生雌蕊发育而成的果实，每一个雌蕊形成一个独立的单果，根据单果的种类，又可分为聚合瘦果如草莓，聚合核果如悬钩子，聚合蓇葖果如八角，聚合坚果如莲。

3.聚花果

由整个花序发育而成的果实，如桑葚、凤梨、无花果等。

## 果实的价值

果实与人类的生活关系极为密切。在人类日常食用的粮食中，绝大部分是禾本科植物的果实，如小麦、水稻和玉米等。人们常吃的果品，包括苹果、桃、柑橘和葡萄等，它们富含葡萄糖、果糖与蔗糖，以及各种无机盐、维生素等营养物质，这些果实不仅鲜食美味可口，而且还能加工制成果干、果酱、蜜饯、果酒、果汁和果醋等各类食品。此外，在中国民间习用的中药材中，常用枣、茴香、木瓜、柑橘、山楂、杏和龙眼等果实或果实的一部分入药。

## 神秘的“种子”

种子是裸子植物和被子植物特有的繁殖器官，由胚珠受精后形成，种子通常由种皮、胚乳和胚组成。种子的形成使幼小的孢子体—胚珠得到更好的保护，而且在萌发期也有了营养物质的保证。所以，种子的出现是植物进化史上的重要里程碑。而藻类植物、苔藓植物和蕨类植物都没有种子，只能以孢子进行繁殖。

### 种子的基本结构

种子的组成部分：种子主要由种皮、胚乳、胚三部分组成。

种皮是种子最外一或二层衣被。其表面可见：①于种柄脱落处留下的疤痕，称为种脐。②种柄与种皮愈合部分，常隆起如脊，称为种脊。③种柄或种脊的最末端与种皮连合处称为合点。④与合点对应，位于种皮另一端的小孔即宿存的种孔。⑤某些种子的种皮，在种孔处有一海绵状突起，称为种阜，如蓖麻子、扁豆。

胚乳是一层细胞内含有大量营养物质的肥厚组织，紧接于种皮下方，而包被于胚之外。随着胚的成长，胚乳逐渐被吸收消耗。所以种子成熟后胚仍较小的种子，胚乳往往留存较多，与此相反，胚较大的种子，胚乳常残剩较少，甚至已完全消失。

胚：为一个初具胚根、胚茎、胚芽、子叶的幼小植物体雏形。一个长大发育的胚，其子叶往往十分肥大，且内贮有丰富的营养物质，子叶中亦有叶脉维管束，并有短柄与胚茎直接相连。

# 第04章 植物生长日记

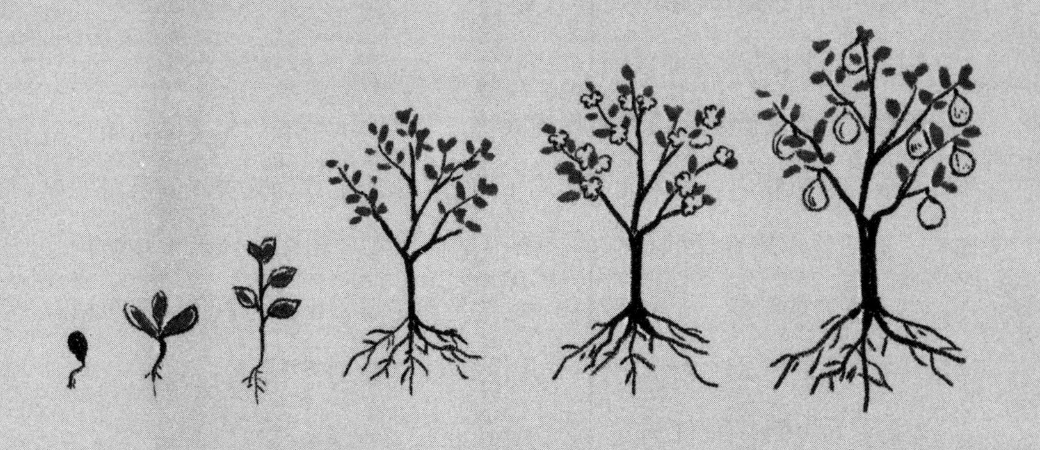

## 充满神奇魅力的光合作用

绿色植物利用光能，把二氧化碳和水合成有机物并释放氧气的过程，称为光合作用。光合作用所产生的有机物主要是碳水化合物。

17世纪以前，人们普遍认为植物生长所需的全部元素是从土壤中获得的。1771年，英国牧师、化学家约瑟夫·普里斯特利进行密闭钟罩试验。他发现有植物存在的密闭钟罩内蜡烛不会熄灭，老鼠也不会窒息死亡。约瑟夫·普里斯特利是光合作用的发现者，人们把1771年定为光合作用的发现年。

那么，光合作用都有哪些重要意义呢？

1.将太阳能变为化学能

植物在将无机物转化成有机物的同时，把太阳能转变为化学能，储存在所形成的有机物中。每年光合作用所固定的太阳能约为人类所需能量的10倍。有机物中所存储的化学能，除了供植物本身和全部异养生物使用外，更重要的是提供了人类营养和活动的能量来源。因此可以说，绿色植物是一个巨型的能量转换站，光合作用提供了今天的主要能源。

2.把无机物变成有机物

植物通过光合作用制造的有机物的规模是非常巨大的。据估计，全球植物每年可吸收二氧化碳约7千亿吨，合成约5千亿吨的有机物。地球上的自养植物同化的碳元素，40%是由浮游植物同化的，余下60%是由陆生植物同化的。人类所需的粮食、油料、纤维、木材、糖、水果等，无不来自光合作用，没有光合作用，人类就没有食物和各种生活用品。换句话说，没有光合作用就没有人类的生存和发展。

3.维持大气的碳—氧平衡

大气之所以能经常保持21%的氧含量，主要依赖于光合作用。光合作用一方面为有氧呼吸提供了条件，另一方面，氧气的积累，逐渐形成了大气表层的臭氧层，臭氧层能吸收太阳光中对生物体有害的强烈的紫外辐射。

## 为什么是叶绿素

德国化学家威尔斯泰特，在20世纪初，采用了当时最先进的色层分离法来提取绿叶中的物质。经过10年的艰苦努力，威尔斯泰特用成吨的绿叶，终于分离出了叶中的神秘物质——叶绿素，正是因为叶绿素在植物体内所起到的奇特作用，才使我们人类得以生存。由于成功地提取了叶绿素，1915年，威尔斯泰特荣获了诺贝尔化学奖。

叶绿素，是植物进行光合作用的主要色素，是一类含脂的色素家族，位于类囊体膜上。叶绿素吸收大部分的红光和紫光但反射绿光，所以叶绿素呈现绿色，它在光合作用的光吸收中起核心作用。

阳光照在绿叶上，叶肉内的叶绿体在阳光的照射下，就会形成叶绿素，叶片呈现绿色主要的原因就是叶绿体内含有叶绿素。叶片的正面绿色浓厚，而背面绿色浅薄，原因正是叶片正面受到阳光照射多，叶绿体形成的叶绿素多，而叶片的背面，受到阳光照射少，叶绿体形成的叶绿素少。

叶绿素有叶绿素a、叶绿素b、叶绿素c、叶绿素d、叶绿素f、原叶绿素和细菌叶绿素等。

除了进行光合作用之外，叶绿素的含量对植物病害也有着重要的影响。十多年来，我国在叶绿素含量与植物抗病性关系的研究方面取得了一定的成果。现有的研究表明，许多植物体内的叶绿素含量与植物的多种抗病性密切相关。

## 植物的呼吸作用

植物呼吸是指植物在有氧条件下，将碳水化合物、脂肪、蛋白质等物质氧化，产生三磷酸腺苷、二氧化碳和水的过程，是与光合作用相逆反的过程。植物组织在供氧不足或无氧环境中，植物体内的有机物可以部分分解，产生少量二氧化碳并释放少量能量，这就是发酵作用，有时又称为无氧呼吸，与此相区别，氧气供应充分时的呼吸也称为有氧呼吸。植物的绿色部分，在进行光合作用的同时以二磷酸核酮糖的氧化产物乙醇酸为底物，继续氧化，产生二氧化碳，这个过程称为光呼吸。

人进入长期贮存粮食和蔬菜的地窖里，有时会出现窒息现象，这是因为地窖的菜类和植物种子呼吸，吐出了大量的二氧化碳，人在地窖里得不到足够的氧气，所以会出现窒息现象。这种现象表明，植物的呼吸活动不仅伴随着整个生命代谢过程，被收获了的植物也会呼吸。

我们通常会把早晨的阳光、树林和空气，比作一幅最健康、清新的画面。其实，此时的树林，由于植物永不停息的呼吸作用，空气中充满了二氧化碳。只有到了傍晚，由于植物整天的光合作用，才使林中充满令人舒适的氧气。

植物的呼吸是在细胞内进行的。细胞内的呼吸细胞器是棒状或粒状的小体，叫线粒体。线粒体是植物体内的“动力工厂”，整个呼吸过程都是在这里发生的。植物呼吸过程是一系列复杂的化学变化，吸入的氧气与葡萄糖等物质反应，产生二氧化碳，最后释放出能量，为植物的生长提供了所需的大部分能量。同时，呼吸过程中有机物分解产生一系列的中间产物，这些中间产物还会用于合成其他有机物，它们都是对植物生命活动非常重要的营养物质。

植物如果处在缺氧的环境里，不会像动物那样马上停止呼吸，很快死亡。植物在缺氧的时候，虽然没有从外界吸收氧气，可是它依然能够排出二氧化碳，这叫无氧呼吸。

苹果储藏久了，为什么会有酒味？正是因为植物在缺氧环境中可以进行短时间的无氧呼吸，将葡萄糖分解为酒精和二氧化碳，并且释放出少量的能量，以适应缺氧的环境条件。

植物的呼吸作用与对农产品的贮藏也有着密切的关系。粮食、水果和蔬菜等收下来以后呼吸活动还在进行。在贮藏过程中，一方面要让呼吸继续进行，这样，粮食、水果和蔬菜等才不会变质；另一方面又要使呼吸尽量减弱一些以减少消耗。

因此粮食种子进入仓库以前要测量一下含水量。当粮食种子的含水量符合国家标准时，种子正好进行微弱的呼吸，这样既能保持生命力，营养物质的消耗又比较小。例如，小麦的安全水分是13%，高于这个数值会呼吸旺盛，减少有机成分，严重时会霉变、生虫，丧失食用价值，所以在贮藏小麦时要把它晒干。

另外，一些粮食作物若要长期保存，也可以用将容器抽真空然后充氮气的办法来抑制粮食的呼吸活动。

## 影响植物呼吸的三大因素

1.温度

温度能影响呼吸作用，主要是影响呼吸酶的活性。一般而言，在一定的温度范围内，呼吸强度随着温度的升高而增强。根据温度对呼吸强度的影响规律，在生产实践中贮藏蔬菜和水果时应该降低温度，以减少呼吸消耗。温度降低的幅度以不破坏植物组织为标准，否则会使植物细胞受损，对病原微生物的抵抗力大减，也易腐烂损坏。

2.氧气

氧气是植物正常呼吸的重要因子，氧气含量直接影响呼吸速度，也影响到呼吸的性质。绿色植物在完全缺氧的条件下就会进行无氧呼吸，大多数陆生植物根尖细胞的无氧呼吸产物是酒精和二氧化碳。酒精对细胞有毒害作用，所以大多数陆生植物不能长期忍受无氧呼吸。在低氧条件下通常无氧呼吸与有氧呼吸都能发生，氧气的存在对无氧呼吸起抑制作用。有氧呼吸强度随氧浓度的增加而增强。

根据氧对呼吸作用的影响规律，可以在贮存蔬菜、水果时降低氧的浓度，一般应降到无氧呼吸的消失点，如降得太低，植物组织就会进行无氧呼吸，无氧呼吸的产物（如酒精）往往对细胞有一定的毒害作用。

3.二氧化碳

增加二氧化碳的浓度对呼吸作用有明显的抑制效应。这可以从化学平衡的角度得到解释。据此原理，在蔬菜和水果的保鲜中，增加二氧化碳的浓度也具有良好的保鲜效果。

## 植物的蒸腾作用

蒸腾，是指植物体表（主要指叶子）的水分以水蒸气的形式散发到空气中的过程。蒸腾与物理学上所说的蒸发有着一定的差别，蒸腾作用不仅会受到外界环境的影响，还会受到植物自身的调节和控制，所以蒸腾作用要比蒸发作用复杂得多。蒸腾作用的发生与植物的大小无关，即使是幼苗依然能够进行蒸腾。

蒸腾作用会在三个地方进行：

（1）气孔：气孔分布在叶片及绿茎上，水分从植物细胞蒸发，水汽透过气孔向外界扩散，植物大概有90%的水分是通过这种途径散失的。

（2）角质层：水分在表皮细胞的细胞壁蒸发，并穿过覆盖着叶片及绿茎的角质层，大约有10%的水分是通过这种途径散失的。

（3）皮孔：水汽透过木质茎上的皮孔散失，这是树木在落叶后水分的主要散失途径，但在一般情况下这一途径占水分散失的比例很小。

在炎热天气下，蒸腾作用可以使植物免于被灼伤，不过适应了炎热天气的植物会有其他更有效的抗热手段。

植物从根部吸收到的水分，大约只有1%留在体内，用于各种生理过程，而其他的99%会通过蒸腾作用散失，一株玉米到结实为止大约要通过蒸腾作用散失200公斤的水。

植物通过气孔的开合可以有效控制蒸腾作用对自身的影响。蒸腾作用在调节周边环境的温度湿度方面作用很大。总的说来，树木茂密的地方，降雨量比较大，温差也会相对于树木稀疏的地区小。

### 蒸腾作用的意义

首先，蒸腾作用为植物吸收和运输水分提供动力。叶片的水分散失掉后，叶片细胞液的浓度自然就会提高，于是就产生了向叶脉细胞吸水的动力，这样叶片就向茎吸水，茎又向根吸水，在强大的牵引力下，根不得不向土壤吸水。

其次，水在从根部向叶片运输的过程中，把溶解于水中的各种养料也一并带到了植物全身。

最后，蒸腾作用还能帮助植物降温散热。植物像动物一样也怕烈日的烤晒，为了不至于被烤焦，植物就通过蒸腾作用蒸发水分把热量从体内散发出去，以保持一定的恒温。

## 植物生长需要的五个条件

植物生长需要的五个条件是光照、水分、温度、空气、各种矿物质。光照是植物生长过程中不可缺少的条件，它能够促进光合作用的进行。水分是维持植物正常生命活动的条件，充足的水分利于植物生长。空气流通、温度适宜、矿物质充足才能加快植物的生长速度。

1.光照

光照是植物生长最不可缺少的条件之一，一般植株都需要散射的光照才能维持正常的生命活动，加快叶绿体中叶绿素的合成速度，促进光合作用的进行。给予适宜的光照强度和时间，能够确保植物的叶片生长得更加饱满。

2.水分

水分是维持植株生长不可缺少的条件，植物主要通过根系吸收土壤中的水分，来确保植物能够在水分充足的环境中生长，避免植物的叶片和枝干发生干枯、凋零、衰老的现象。

3.温度

温度会影响植物芽和枝的分化，以及整个植物的生长速度。在温度过高的情况下，植物会进入休眠状态，生长速度会变得缓慢，在温度过低的情况下，植物的叶片会被冻伤，导致凋零、腐烂、坏死的现象发生。

4.空气

空气是植物生长不可缺少的条件之一，空气含有大量的氧气、氮气、二氧化碳等气体，是植物在光合作用和呼吸作用中必要的物质，空气环境较为湿润时，一般有利于植物的生长和发育。

5.各种矿物质

土壤中含有大量的矿物质和微量元素，能够为植物的生长提供充足的营养物质。在植物茎干生长的时候，吸收氮和磷元素，能够加快生长速度；在植物叶片生长的时候，吸收钾元素，能够确保叶片生长更加旺盛。

## 植物的生长过程

一般来说，植物的生长过程包括发芽时期、展叶期、开花期、结果期。

1.发芽时期

植物的一生往往是从种子开始的，种子萌发之后，首先进行根、茎、叶等营养器官的生长。

2. 展叶期

植物萌芽后，胚根首先深入土中形成主根，接着下胚轴伸长，将子叶和胚芽推出土面，于是便形成了植物的叶子。叶子在光照下产生了叶绿素，进而便可以进行光合作用了。此时的植物，会进行光合作用，呼吸作用、蒸腾作用等各项生命活动都在有序开展着，使植物体不断生长成熟。

3. 开花期

经过一定时间的营养生长，植物体已经初具规模了，在生长之余，也要开始繁殖后代了。在一定的条件下，植物的某些部位感受光照、温度等外界条件的改变，通过某些激素的诱导作用开始形成花。

4. 结果期

通过各种授粉的作用，花粉来到了雌蕊的柱头上，刺激柱头产生花粉管并携带雄性胚子向胚珠延伸进入，进行授精作用。授精后的卵细胞开始发育，经过一定时间胚珠及各部分形成果实和种子。

种子的产生意味着新生命的开始，一株新的植物又将开始它生机勃勃的一生。

# 第05章

## “植物之最”

## 最臭的花——腐尸花

腐尸花，学名巨魔芋，又称“尸臭魔芋”。它的花朵的直径长1.5米，高将近3米。花冠为肉穗花序的总苞，花蕊其实是肉穗花序。

在这种植物大约40年的生命周期内只能开两三次花，花期很短，开花时会散发出一种令人作呕，就像尸肉腐败的气味，因此得名“腐尸花”。待腐尸花长出果实后，地上部分很快就会枯萎，所以很难看到它的踪迹。

腐尸花的气味正是它“传宗接代”的法宝，让大型动物自然回避，而吸引苍蝇和以吃腐肉为生的甲虫前来传粉做媒。

## 最小的种子——斑叶兰种子

1千克芝麻有25万粒之多，因此人们常常喜欢用芝麻来比喻物体的“小”。但是，就植物的种子而言，比芝麻小的还多着呢！

例如斑叶兰，它的种子小如尘埃，1亿粒斑叶兰种子才50克重，每粒种子只有在显微镜下才能看清楚。

斑叶兰种子的构造非常简单，只有一层薄薄的种皮和一个尚未分化的胚，故其生命力不强，容易夭折。而且因为斑叶兰种子实在是太小了，几乎不可能通过种子萌发来繁殖，一般都只能分株繁殖，这也就导致了斑叶兰稀少而珍贵，已被列为国家二级保护植物。

## 最毒的树——见血封喉

见血封喉又名箭毒木，多生于海拔1500米以下的雨林中。它有乳白色树液，树皮灰色，春季开花，是国家三级保护植物。箭毒木树高可达40米，春夏之际开花，秋季结出一个个小梨子一样的红色果实，成熟时变为紫黑色。这种果实味道极苦，含有毒素，不能食用。见血封喉在中国、印度、斯里兰卡、缅甸、越南、柬埔寨、马来西亚、印度尼西亚均有分布。

见血封喉，树如其名，是一种剧毒植物。它的乳白色汁液含有剧毒，一旦接触人畜伤口，即可使中毒者心脏麻痹，血管封闭，血液凝固，以至窒息死亡。

同时，见血封喉也是一种药用植物，鲜树汁具有强心、催吐、泻下、麻醉等功效，外用可治淋巴结结核。它的种子具有解热的功效，用于治疗痢疾。但因见血封喉有剧毒，使用的时候要小心。

## 最矮的树——矮柳

世界上最矮的树叫矮柳，生长在高山冻土带。它的茎匍匐在地面上，抽出枝条，长出像杨柳一样的花序，整个植株最高不过5厘米。与矮柳差不多高的矮个子树，还有生长在北极圈附近高山上的矮北极桦，据说那里的蘑菇，长得比矮北极桦还要高。

高山植物为什么长不高呢？因为那里的温度极低，空气稀薄，风又大，阳光直射，并且高山上光线中紫外线含量较高，所以，只有那些矮小

的植物，才能适应这种环境。当然，并不是所有高山植物都是矮的。原产喜马拉雅山脉的塔黄分布于4000～4800米的流石滩和高山草甸，但它开花时最高可达2米。

## 最粗的植物——百骑大栗树

在欧洲有这样一个奇怪的传说：一次，古代阿拉伯国王的王后带领百骑人马，到地中海的西西里岛的埃特纳山游览，忽然天下大雨，百骑人马连忙躲避到一棵大栗树下，树荫正好给他们遮住雨。因此，王后把这颗大栗树命名为“百骑大栗树”。

据报道，在西西里岛的埃特纳山边，确有一棵叫“百马树”的大栗树，树干的周长竟有55米，直径达到17.5米，需要30多个人手拉着手，才能围住它。即使是赫赫有名的非洲猴面包树和其相比，也只不过是小巫见大

巫。树下部有大洞，采栗的人把那里当宿舍或仓库用。这的确是世界上最粗的树。

栗树的果实栗子，是一种人们喜爱的食物，它含丰富的淀粉、蛋白质和糖分，营养价值很高，无论生食、炒食、煮食、烹调做菜都适宜，不仅味甜可口，且有治脾补肝、强壮身体的作用。

## 体积最大的植物——巨杉

地球上的植物，有的个体非常微小，有的个体却很庞大。像美国加利福尼亚的巨杉，长得又高又胖，是树木中的“巨人”，有“世界爷”之称。这种树平均高度在100米左右，其中最高的一棵有142米，直径有12米，树干周长为37米，需要二十来个成年人才能抱住它。人们在树干下剖开一个洞，可以通过汽车，或者让4个骑马的人并排走过。即使把树锯倒以后，人们也要用长梯子才能爬到树干上去。所以巨杉是世界上体积最大的树、地球上再也没有体积比它更大的植物了。

巨杉的经济价值也较大，是枕木、电线杆等的良好材料。同时，巨杉还有极高的观赏价值和科学价值。

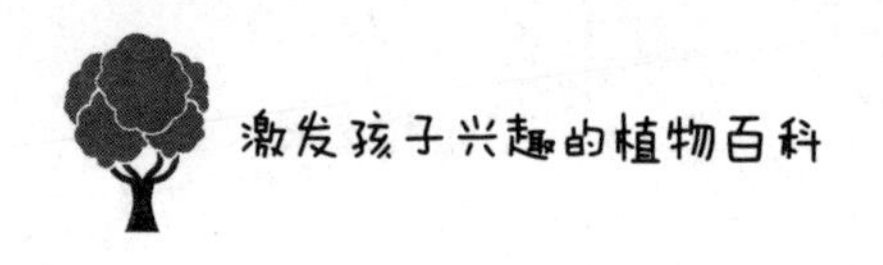


## 树冠最大的树——孟加拉榕树

俗话说，“大树底下好乘凉”。你知道什么树可供乘凉的人数最多吗?

这要数孟加拉的一种榕树，它的树冠可以覆盖1公顷左右的土地，有一个半足球场那么大。孟加拉榕树不但枝叶茂密，而且能由树枝向下生根。这些根数以千计，叫“气根”，又叫气生根，有的悬挂在半空中，从空气中吸收水分和养料，多数气根直达地面，扎入土中，起着吸收养分和支持树枝的作用。直立的气根，就像树干，一棵榕树最多可有4000多根气根，从远处望去，像是一片树林。

因此，当地人又称这种榕树为“独木林”。据说曾有一支六七千人的军队在一株大榕树下乘过凉。当地人还在一棵老的孟加拉榕树下，开办了一个人来人往、熙熙攘攘的市场。世界上再没有比这更大的树冠了。

## 木材最轻的树——轻木

生长在美洲热带森林里的轻木，也叫巴沙木，是生长最快的树木之一，也是世界上木材最轻的树。这种树四季常青，树干高大，叶子像梧桐，五片黄白色的花瓣像芙蓉花，果实裂开像棉花。中国台湾南部早就引种，1960年起，在广东、福建等地也都广泛栽培，并且长得很好。

轻木的木材，每立方厘米只有0.1克重，是同体积水的重量的十分之一，我们做火柴棒用的白杨还要比它重3.5倍。它的木材质地虽轻，可是结构却很牢固，因此，是航空、航海以及其他特种工艺的宝贵材料。当地的居民早就用它作木筏，往来于岛屿之间。中国常用它做保温瓶的瓶塞。

## 最短命的植物——短命菊

自然界中，以种子繁殖的植物多种多样，有长寿的，也有短命的。通常来说木本植物比草本植物寿命要长得多，一般的草本植物，寿命通常是几个月到十几年。植物寿命的长短，与它们的生活环境有密切关系。有的植物为了使自己在严酷、恶劣的环境中生存下去，经过长期艰苦的“锻炼”，练出了迅速生长和迅速开花结果的本领。

有一种叫罗合带的植物，生长在严寒的帕米尔高原。那里的夏天很短，到六月间刚刚有点暖意，罗合带就匆匆发芽生长。过了一个月，它才长出两三根枝蔓，就赶忙开花结果，在严霜到来之前就完成了生命过程。它的生命如此短促，但是尚能以月计算。

寿命最短的要算生长在沙漠中的短命菊，它只能活几星期。沙漠中长期干旱，短命菊的种子在稍有雨水的时候，就赶紧萌芽生长，开花结果，赶在大旱来到之前，匆忙地完成它的生命周期，不然它就要“断子绝孙”了。

## 生长最快的植物——毛竹

生长在中国云南、广西及东南亚一带的团花树，一年能长高3.5米，在第七届世界林业会议上，被称为“奇迹树”。生长在中南美的轻木，要比团花树长得更快，它一年能长高5米。但是，植物生长速度的绝对冠军是毛竹，它从出笋到竹子长成，只要两个月的时间，就能长高20米，大约有六七层楼房那么高。生长高峰的时候，一昼夜能升高1米。

竹子的生长比较特别，它是一节节拉长。竹笋有多少节和多粗，长成的竹子就有多少节和多粗，一旦竹子长成，就不再长高了。而所有树木的生长，是在幼嫩的芽尖，慢慢加粗伸长，经几十年至几百年，还会慢慢地加粗长高。

## 最大的花——大王花

亚洲东南部的大王花是世界上最大的花。大王花是一种肉质寄生草本植物，产自马来西亚、印度尼西亚、苏门答腊等热带雨林中，是世界上花朵最大的植物，有“世界花王”的美誉。

由于大王花的生长地没有四季之分，一年中任何时候它都会冒芽，每年的5～10月，是它最主要的生长季。大王花刚冒出地面时，大约只有乒乓球那么大，经过几个月的缓慢生长，花蕾由乒乓球般的体积，变成了甘蓝菜般的大小，接着5片肉质的花瓣缓缓张开，等花儿完全绽放已经过了两天两夜了。花瓣凋谢时，会化成一堆腐败的黑色物质，不久，果实也成熟了，里头隐藏着许许多多细小的种子，随时准备掉入地中，找寻适当的发芽地点。

## 世界上最孤独的花——雪莲花

世界上最孤独的花就是雪莲花了，因为它生长在悬崖峭壁之中，四周没有别的植物生存，是一种极为孤独的花。

在天山山脉上，海拔4000米以上的地带终年积雪，而雪莲花就生长在海拔3600～4800米之间的风化带和雪线上的石隙，在这种极寒地带，除了雪莲之外，再无别的植物生长。雪莲花傲雪而立，无比孤独，坚韧向上。

雪莲是造物主赐给新疆的"仙物"，在神话故事里，雪莲是瑶池王母到天池洗澡时，由仙女们撒下来的一种花，人们认为看到雪莲花，是一种吉祥如意的征兆。无论风霜雪雨，无论寒暑冷暖，雪莲就那么孤独而坚强地生存在那里，绽放出自己独特的芬芳，从远处望去，就像一个孤独的少女，迎风而立，美艳之中透着无比的孤独。

## 叶片最大的水生植物——王莲

要说到世界上叶片最大的水生植物，就非王莲莫属了。王莲是目前已知叶片最大的水生植物，它的叶片直径能达到3米以上。

王莲不仅叶片大，它的花也比普通荷花大得多，王莲的莲花可以长到直径40厘米，非常漂亮，还会散发出一种白兰花的香味，它的花只会存在3天，3天之后就会沉入水中。王莲的果实在成熟时，一个果实差不多会有300～500颗莲子，最多的可以达到700多颗，王莲的莲子和普通的莲子大小差不多，可以食用，营养价值很高，有“水玉米”的美称。

王莲不仅叶片巨大，浮力也是超强的，最多能承受140斤的重物而不沉，瘦一点的成年人站在上面一点问题也没有。

王莲对生长环境有着很高的要求，必须要在高温、阳光充足的环境下才能生长发育，温度在25℃～35℃是比较适宜的，如果外界气温低于20℃，王莲就会停止生长。因此，王莲主要生长于热带地区，在我国只有少数地方可以见到，大多是引进来的品种。

## 世界上最小的竹子——菲白竹

竹子在人们的心目中，一直是一种带有正气的植物，竹子也是有大有小的，世界上最小的竹子是菲白竹。菲白竹原产地是日本，在我国沿海地区有引进栽培，是一种观赏性竹子，它的叶片非常狭小，绿色的叶片上有黄白色纵条纹，边缘有纤细的毛，很适合作地表绿化。

作为世界上最小的竹子，菲白竹的竹秆高度只有10～30厘米、竹鞭粗约1～2毫米；竹节间细而短小，直径只有不到2毫米。菲白竹的小枝一般长有4～7片叶子，而叶片十分短小，长6～15厘米，宽8～14毫米，给人一种稍显尖锐的感觉。

菲白竹细小低矮、叶片秀美，一般会养在庭院作为观赏或与一些假山搭配作为点缀，别有一番情趣。菲白竹作为一种地表绿化，姿态端庄、小巧而秀丽，在观赏性竹类中是一种很受欢迎的种类。

# 第06章
# 细数那些有趣的植物

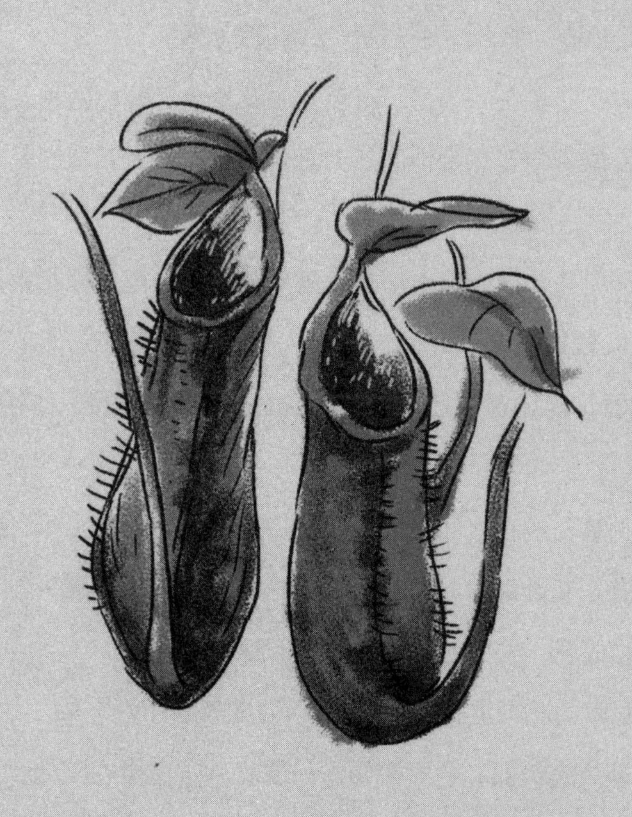

## 傍晚开花的月见草

月见草，别称晚樱草，因其傍晚绽放，天明时凋谢而得名。月见草不仅花开美丽，还散发着淡淡清香，不仅常常被用于园林绿化，还被许多人作为家庭盆栽种植。那么，月见草什么时候开花呢?

月见草的花期多在6～9月，花色主要有粉色和黄色两种，原产北美，现广布于世界温带与亚热带地区。月见草的花语是“默默的爱”，深受人们的喜爱。

月见草，月升绽放，日出凋零，虽然花期长，但单株花朵一般只开一晚。月见草以独特的开花时间而广为人们所知，而且无论是它粉嫩的花瓣还是金黄的花蕊，都婀娜动人，当绽放一大片的时候，简直美得不可描述。

虽然月见草一般在夜间绽放，但有一个叫“美丽月见草”的品种却喜欢在白天开花。花开之时，它们就像是一只只彩色的蝴蝶，在草丛中翩翩起舞，特别是成簇、成片绽放的时候，更加美不可言。

美丽月见草的花期更长，可从每年4月绽放到10月之久，虽然这种植物长得不高，却姿态美丽，色彩缤纷。只要将种子撒播在院内合适的位置，即便不经过特殊照顾，它也能繁殖出一大片。

## 昙花一现

昙花，别名琼花，属仙人掌科、昙花属灌木状木质植物。主茎呈细圆柱形，分枝呈扁平叶状，花多为白色，像一个大漏斗，有芳香。昙花的开放时间一般在夏季或者秋季的晚上，持续的时间也很短，只有2～3小时。也正因昙花开放时间短暂，所以素来都有“昙花一现”之说。

昙花并非中国本土的花卉，它原产于美洲巴西至墨西哥一带，而目前来看，全世界都有昙花。昙花在17世纪由荷兰人引进中国台湾，随后开始陆陆续续引进大陆。

因为昙花是在晚上才开放，这就给采摘昙花带来了很大的困难。为了改变昙花夜晚开放的习性，种植者往往采用“昼夜颠倒”的办法，其具体做法就是：当昙花花蕾膨大时及时将昙花转移到暗室，总之没光就可以。以这样的方式控制昙花开花的时间，就方便了人类的工作时间。

昙花的美不言而喻，在夜间与月色一同出没于人世之间，白色的小花瓣徐徐舒展，露出黄色的花心，这份美只有有缘人才可以欣赏得到。也正是因为昙花的这份独特，才有很多关于昙花的故事以及传说。

下面我们就来看看这么神奇的花卉有哪些美丽的“故事”。

首先，昙花的第一个花语为“刹那间的美丽，一瞬间的永恒”。昙花的标志性特点就是盛开的时间极为短暂，因此，昙花就有了这样的寓意。

后人在此基础上引申出比喻义，用昙花一现来比喻美好事物不持久。

也正是因为这份难得，所以那些有幸看到昙花一现的人是多么幸运。从这个角度来看，昙花显得有些悲伤，那些美好的事物转瞬即逝真是让人遗憾。

其次，“昙花一现”被视作幸运的象征。昙花在家中开放，有“花开富贵”的吉祥寓意，因为昙花在世间的美丽存留短暂，也因此代表着一个好的兆头，寓意着家中有好事将近。这就提醒我们要把握住那份不期而遇的惊喜，把握好机会。

进入后科学时代，利用科学知识可以对很多现象进行解释，昙花在夜间开放也同样如此。其实昙花并不是一定要在晚上盛开，它只是需要黑暗的环境，这是由它们的生长习性所决定的。而开花时间的长短主要是由湿度和温度决定的，夜间只有那么几个小时的温度和湿度可以达到昙花盛开的要求，过了那个时间，随着深夜的温度持续降低，昙花的花朵就会枯萎。

## 夜来香为什么晚上开花

虽然说大部分的植物都是在白天开花的，但是也有很多例外，除了之前说过的月见草和昙花，夜来香也是在夜晚开花的植物。

夜来香在晚上开花，其实是一种传承了很长时间的习性。到了晚上的时候，夜来香就会散发出阵阵香气，吸引飞蛾传粉，这是夜来香对环境的一种适应。

夜来香的花瓣是很独特的，它和其他植物的花瓣有着明显的差异。夜来香的花瓣上面有气孔，这个气孔有个特点，就是当空气湿度增大的时候，气孔就会张大，张得越大，蒸发的芳香油就会越多，所以香气就会更加浓郁。因此，夜来香的花朵不仅在晚上的时候散发出香气，在阴雨天的时候也有香气。

夜来香为什么会在晚上开花呢，这其实是和它的原产地有关。夜来香本是生长在亚热带地区的，需要飞虫来帮助传粉。但是亚热带地区，白天气温很高，飞虫很少白天出来活动，而是会在晚上出来觅食。夜来香为了更好地吸引昆虫传粉，就会在晚上开花，并且散发出香气，吸引飞虫。经过长时间的繁衍，它就养成了在晚上开花的习性。

夜来香一般是在晚上的8～10点的时候开花，这个时候气温比较适宜。

## 会跳舞的草

很多人都喜欢在家里养一些花花草草，为家里增加一抹色彩。你见过会跳舞的草吗？在大自然中有一种草可以伴随声音翩翩起舞。

跳舞草学名舞草，是一种具有“灵性”的植物，只要听到优美的音乐，或者有人对着它唱抒情的歌曲，它的叶片就会随着音乐的节奏开始舞动。跳舞草长得像少女一般灵秀，枝叶间蕴藏着一种灵气，让人不得不感叹造物主的神奇。每两片绿色的嫩叶为一对“舞伴”，时而合抱，时而交叉，时而各自向后旋转180度又“深情相拥”，再分开“翩翩起舞”。音乐响起，整株跳舞草就像开始了一场交谊舞会，霓裳鬓影，一枝一叶都有情。

跳舞草为什么会跳舞呢？人们一直在探索其中的奥秘。研究发现，跳舞草侧小叶不停舞动的原因是其小叶柄基部的海绵体组织对光有敏感反应的结果。每当太阳照射，温度上升，植物体内水分加速蒸发、海绵体就会膨胀，小叶便左右摆动起来。此外，舞草还会有声感，当它受到音量35～40分贝的歌声震荡时，海绵体也会收缩，带动小叶片翩翩起舞。不管跳舞草遵循的是什么物理或化学原理，其神奇的翩翩舞姿都使它得到了人们的青睐。试想，每天下班回家，打开音响，躺在沙发上看着小草舞蹈，是多么惬意的事。

跳舞草不只会跳舞，还具有药用保健价值，全株均可入药，有舒筋活络、强筋壮骨之效。

## “无皮”的紫薇树

紫薇并不是清冷萧条的花，它始开于炎夏，落幕于仲秋，千朵万朵，满树姹紫嫣红，当得起繁花似锦四字，故又称满堂红。现在的紫薇主要有四个品种：紫薇、翠薇、赤薇、银薇。这其中，又以翠薇最佳。

紫薇是千屈菜科紫薇属落叶乔木，因为开花时间长，又名百日红或百日醉，杨万里诗里说它“谁道花无红百日，紫薇长放半年花。”它还有不少别名：痒痒花、痒痒树、紫金花、紫兰花、蚊子花、西洋水杨梅、无皮树等。

树怎么会无皮？其实，紫薇被称为无皮树，是因为它的树皮非常光滑洁净，颜色呈褐色或者深褐色，与大多数的树皮都不一样。寻常大树，一般越活越苍老，树皮越来越粗糙，紫薇却不同，年幼的紫薇树皮还有些粗糙，上了年纪后，它的树皮就会跟镜子一般，滑溜溜的，老树的树皮甚至会因为太过光滑而反光，简直像刷了油漆一般。

那么，痒痒树的名字又是怎么来的呢？原来，倘若用手指搔紫薇树的树干，就会枝叶俱动，像孩子被人挠痒痒般抖动，又像是睡梦中的孩子被噩梦打扰而微微发抖，因此，宋朝人又称之为“不耐痒花”。真正的原因，是紫薇树的木质比较坚硬，而且树干上下粗细差别不大，上半部分还有许多分枝和绿叶探向各处，这使紫薇树上重下轻，重心不稳，极容易对小的晃动产生反应，才得了“痒痒树”“怕痒树”“入惊儿树”这样的名字。

## 会害羞的草

有个性的花草，是招人喜爱的，含羞草就是这样。含羞草正如其名，是一种会“害羞”的植物，轻轻触碰，小叶子就会慢慢合拢，有时候摸得重了，甚至连叶柄也会垂下来。因此，当人们看见含羞草时总是忍不住用手去撩它的叶片，期待看到它害羞地缩起来。其实是含羞草应对外界环境条件变化的一种适应性反应，例如下雨时，当第一滴雨打到叶子，它就立即叶片闭合，叶柄下垂，这样就可以躲避狂风暴雨对它的伤害。另外，含羞草的运动也可以看作是一种自卫方式，动物稍一碰它，它就合拢叶子，动物也就不再吃它了。

含羞草为豆科多年生草花，原产美洲热带地区，花期为7～10月，花色粉红，呈圆球形，形如绒球。含羞草的杆、叶、枝均长刺，枝丫每节均为“梭子形”，有“蜻蜓翅膀”式的四片叶子。含羞草“一岁一枯荣”，春天生长开花至冬季之初，种子逐渐成熟落地，冬季自行消亡 。据测定，含羞草遇到外界刺激时，在0.08秒的时间内便能垂下所有枝条和叶片，并以10厘米每秒的速度将刺激信息传导到全身各部分。

含羞草之所以一触即“羞”，是因为其体内含有一种含羞草碱，这是一种毒性很强的有机物，人体过多接触，会使头发脱落或引起周身不适。这也许是上帝的有意安排——含羞是含羞，触者应适可而止，否则，会让任意拈花惹草的人尝上一点苦头。

含羞草也不是把“羞”进行到底的，当人们手摸或用口向它吹气时，它立即关叶垮枝；人离开后，它会慢慢恢复原态。

## 草原上的“流浪汉”

风滚草多生长在地势平坦的地区，俗称草原上的“流浪汉”。它们在成长的过程中会长出大量带刺的枝条，不过整体生长的高度不会超过1米。

风滚草作为草本植物，生命力极其顽强，即使在贫瘠干旱的地区也能生长出茂密的枝条，随着天气的变化，干枯的枝条就会卷成一团团圆球。如果遇到猛烈的强风，它就好像是脱缰的野马随风滚动。此时的风滚草携带着几十万粒种子四处播撒。当种子的含水量少于4%时，说明此时的环境不是很适合它的生长，于是它会处于休养生息的状态，默默地等待着合适的时机到来。如果哪天遇到合适的生存环境，风滚草就会很快生根发芽。

19世纪70年代，美国在引进亚麻籽的时候，无意之中就把风滚草也带到了美国，不承想风滚草竟在整个美国大肆繁殖。然而风滚草的足迹不仅仅局限于美国，其他地区也到处都有它的身影，最泛滥的地区之一就是澳大利亚。澳大利亚本来想用风滚草作为动物的饲料来源，万万没想到当地的动物很是挑食，竟然不吃这种植物。因为没有可以食用它的天敌，风滚草在澳大利亚变得更加泛滥。

## 喜欢吃盐的草

植物要长得好，土壤的土质很重要，一般的植物都很难在含盐量超过1%的土壤中存活，但有极少数植物在盐碱地中反而能够更好地生长。世界上最著名的耐盐植物就是盐角草，不管是在含盐量为0.5%的普通土地，还是6.5%的盐碱地，盐角草都能够顽强地存活。

我国的西北地区地处内陆，并且位于沙漠附近，因此那里的土地盐碱化和沙漠化的程度非常高，普通的蔬菜和水果很难在那里大规模生长，而盐角草在西北的大部分地区都能生长，它之所以能够在如此恶劣的环境中生存，就是因为它的保水能力非常强。

盐角草非常善于保水，因此在西北地区的沙漠环境改良中，它起到了非常重要的作用。而它之所以有如此强的保水能力，是因为它特殊的叶片结构，它的叶片不像普通的叶子那么薄，反而更像是多肉植物，这样肥厚的叶子就能够尽可能储存更多的水分。

盐角草的茎很薄，表面也非常光滑，并且带有密集的气孔。也正是因为这样的特性，使盐角草能够更好地实现体内外的水汽交换，且尽可能多地将能量都输送到叶片上，所以它才能在沙漠或者盐碱地带存活。

盐角草一直以来都是生长在盐田边的杂草，而现在人们开始越来越多地发现它的价值，它不仅能够用来保持沙漠的水分，减缓土壤的水土流失和盐碱化，而且有着极好的消炎作用，被做成了抗氧化和抗衰老的护肤品，不过盐角草带有一定的毒性，如果不经过处理，最好不要擅自食用。

## 喜欢吃肉的草

植物也会吃肉吗?

其实，能捕食动物的植物确实存在，主要有猪笼草、茅膏菜与捕蝇草及瓶子草等。这些植物大都生长在热带沼泽地区，因为这类地区往往土壤贫瘠，所以植物不得不捕食动物以增加营养。

这类植物捕食的方式基本有两种：一是生有捕捉器或夹子般的叶子，叶子两半能迅速闭合，把牺牲品夹在当中。如茅膏菜，它的叶子平时分两片张开，叶上分泌有甜味的液体，一旦有昆虫碰到叶子上的触毛，两片叶子立即闭合，把昆虫夹在其中，并分泌消化液把它消化，即“吃掉”。大约十天后，消化已毕，叶子重新张开，等候下一个猎物。

另一类如猪笼草、瓶子草，叶子演化成瓶状，瓶口色彩鲜艳如花，并能分泌具有香味的蜜腺，吸引昆虫等小动物，而瓶颈又长着向下斜生的硬毛，昆虫只要爬进瓶中就无法逃出，瓶底的消化液会迅速把它消化掉。

不过，这些捕食动物的植物都不高大，一般只有二三十厘米高，最高的也不过六七十厘米高。它们只能捕食小动物，主要是捕食昆虫，较大的品种偶尔也能捕食小型的蛙或壁虎等，因此人们把它们称为捕虫植物或食虫植物。至于稍大些的动物，哪怕是小老鼠，它们也是根本无力捕获的。

真正吃人的草是不存在的，猪笼草那样的捕虫植物也只是把小虫当成“点心”，主要还是依靠自身的光合作用产生养料。

## 追逐太阳的花

向日葵，由于其生长前期的幼株顶端及中期的幼嫩花盘随着太阳转动得非常明显而得名。没错，向日葵从发芽到花盘盛开之前这一段时间，是向日的，其叶子和花盘在白天追随太阳从东转向西，不过并非即时的跟随，植物学家测量过，向日葵花盘的指向落后太阳大约12度，即48分钟。太阳下山后，向日葵的花盘又慢慢往回摆，在大约凌晨3点时，又朝向东方等待太阳升起。

那么，向日葵为什么能随着太阳转呢？原来，向日葵含有称为生长素的激素，这些激素对阳光敏感，并且尽一切可能寻找阴影。因此，它们从沐浴在阳光下的植物部分迁移到茎中的阴影区域。阴影区域在生长素的作用下快速生长，导致阴影区域拉长，因此花朵朝向相反的方向弯曲而朝向太阳。太阳落山后，生长素重新分布，使向日葵转回东方。

花盘盛开后，向日葵就不再向日转动，而是固定朝向东方。这是因为向日葵的花粉怕高温，如果温度高于30℃就会被灼伤，因此固定朝向东方，可以避免正午阳光的直射，减少辐射量。而且，花盘在早上受阳光照射，有助于烘干在夜晚时凝聚的露水，减少受霉菌侵袭的可能性；此外早上温度较低，阳光的照射使向日葵的花盘成了温暖的小窝，能吸引昆虫帮助其传粉。

## 植物界的“寄生虫”

在欧美，尤其是在芬兰、挪威等北欧国家，槲寄生常被用来装饰圣诞树。传说在槲寄生下亲吻的情侣，会厮守到永远，所以槲寄生暗含“爱情天长地久”的美好祝愿。

槲寄生的茎一般二歧分枝，叶对生，革质，长椭圆形，冬天不落叶，4～5月间开花，雌雄异株。槲寄生的果实呈球形，直径6～8毫米，成熟时呈淡黄色或橙红色，果皮光滑，是许多鸟儿的美食，所以长着槲寄生的树，常常招引一群群鸟儿聚餐。

槲寄生的果肉富有粘液，鸟儿们在取食过程中会在树枝上蹭嘴巴，这时种子便会粘在树枝上，而被吞入鸟肚的果实，果肉分解后为鸟儿提供营养，难以消化的种子会随着粪便排出来，也会粘在树枝上，在适当的温度、光照和水分条件下萌发，长出下一代植株。就这样，槲寄生为鸟儿提供食粮，鸟儿则帮助槲寄生传播种子，植物和动物在千百万年的自然演化中形成了互利合作关系，一代又一代繁衍生息到今天。

那么槲寄生和它所寄生的大树又是什么关系呢?

我们所见到的绝大多数绿色植物，不管大树还是小草，都会从土壤中吸收水分和无机物，从空气中吸收二氧化碳，从阳光中获得能量，然后自己通过光合作用生成糖类、氨基酸、蛋白质、脂肪酸等生命必需的营养物质，它们无需人类或其他生物供养，所以被称为自养植物。

而寄生植物就不同了，它们无法独立养活自己，需要其他植物（即寄主）的完全供养或部分供养才能活命。槲寄生和同科的其他植物，其自身能够通过光合作用合成或部分合成糖类、氨基酸、蛋白质、脂肪酸等生命必需的营养物质，但它们的根会扎入树皮，从寄主身上获得水分和部分营养物质。换句话说，槲寄生和寄主之间，不是完全依赖，只是部分供养关系。所以，从更严格的意义上来说，槲寄生应该被称为半寄生植物。

## 神奇的睡莲

古语云，所谓伊人，在水一方。正如纯洁的睡莲，纤尘不染，纯洁得不食人间烟火，让你瞬间产生怜悯之心。

睡莲的花白天盛开晚上闭合，故名睡莲，又称子午莲，外型与荷花相似。睡莲花色艳丽，花姿楚楚动人，在一池碧水中宛如冰肌脱俗的少女，因而被人们赞誉为“水中女神”。睡莲一般都在九月份开放，开放时间极短。并且，睡莲喜强光，所以睡莲在晚上花朵会闭合，到早上又会开放，特别神奇。

睡莲也有因颜色而分的，像红睡莲、蓝睡莲、黄睡莲，以及白睡莲，

我国比较常见的就是白睡莲。睡莲是泰国、孟加拉国、印度、柬埔寨的国花。在古希腊、古罗马，睡莲与中国的荷花一样，被视为圣洁、美丽的化身，常被作为供奉女神的祭品。

## 喜欢爬墙的牵牛花

牵牛花是旋花科牵牛属的一年生缠绕草本植物，有趋光性，而且茎秆可以长得很长，如果周围有供攀爬的支架，那么它就会绕着支架向上爬，有很强的观赏价值。

牵牛花的适应能力很强，喜欢生长在阳光充足和温暖的环境中，有一定的耐热能力，但是不耐寒，最适生长温度在20℃～25℃，对土壤的要求不高，最适宜在疏松、肥沃和排水性良好的土壤中生长。

牵牛花的花型变化多样，花色丰富多彩，有很强的观赏价值，可以用于庭院围墙以及高速道路护坡的绿化，如果是矮生品种的牵牛花，还可以将其制作成盆栽养护在家中，种子处理后还有一定的药用价值。

# 第07章

# 神奇的植物学

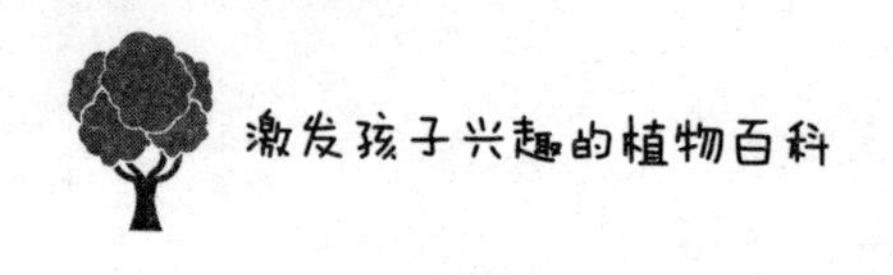


## 不走寻常路的根

谁说植物的根只会向下扎入土中？自然界中有一些植物的根就不走寻常路，我们一起来了解一下吧！

**会呼吸的根**

树木的根也需要呼吸。有一些植物比如落羽杉、海桑树、美洲红树等，长期生在沼泽、海滩上，它们的根生活的环境时常“缺氧”，难免会觉得“憋气”。于是，它们干脆从土壤或水中伸出一些根来。这些根的结构特殊，内部有许多气道，不仅可以吸入氧气，还能顺便贮存一些空气。

**爱攀缘的根**

香草兰有着“食品香料之王”的美称。它的果实中含有特殊的香味物质——香兰素，是巧克力、冰激凌等食品中必不可少的添加剂。香草兰的茎上长着细细的气生根，这些根擅长攀缘。有了它们的帮忙，香草兰可以像强力胶一样黏在树干上，任凭风吹雨打也不怕。

**扒住地面的根**

热带雨林中树木众多，一棵树无法独占一片天地。为此，许多树木鼓足力气向上生长，有一些树木可以长到七八十米。由于雨林中雨水丰沛，它们根本不用向土壤深处“要水”，根往往扎得比较浅。但是这样树木就会“头重脚轻”，容易倒伏。于是，一些根长在地面上，铺开一大片，撑住树干。这种根长得像扁平的板子，因而被称为“板根”。

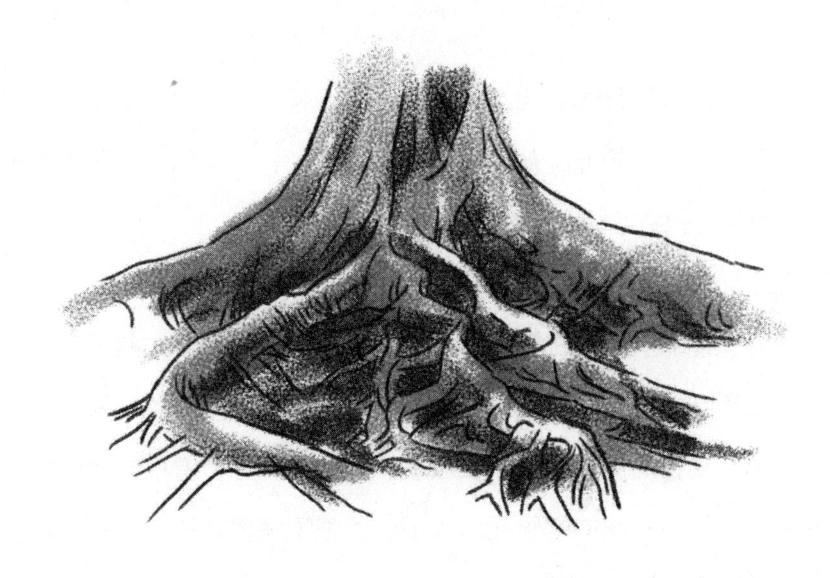

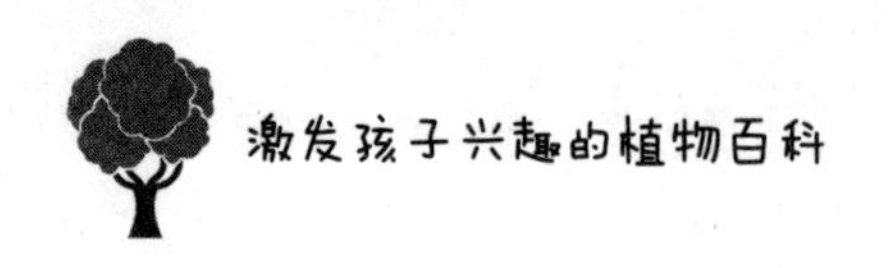


## 想要远行的种子

为什么蒲公英的种子会飞？因为蒲公英的种子背着“降落伞”，可以利用风力到达很远的地方，从而更好地繁衍下一代。实际上，所有的植物都会使出各自的招数，让自己的种子“撒播四方”。

植物是怎么传播种子的？

植物为了传宗接代，在数亿年漫长的生长过程中，各自练就了一套散播种子的过硬本领。有些种子长着钩或刺，比如鬼针草、苍耳等植物的种子，可以钩在动物的皮毛和人的衣服上，被带到远处。有些动物爱吃一些植物的果实，然后在吃的时候吐出种子，或把不易消化的种子随粪便排出体外，这样种子就能在新的地方发芽生长。

有些种子靠风传播，它们小而轻、有透明的翅膀或绒毛。比如松树、槭树的种子带有透明的翅膀，胡杨木、蒲公英的种子带有绒毛，只要轻轻的微风就可以把它们带向远方。

有些在水边或海边生长的植物，它们的种子可以由水流带到远离母株的地方，比如椰子和莲子。豆荚成熟后会产生巨大的压力，当果实裂开时，种子就会被弹射出去，这就是弹射传播。最厉害的喷瓜会把自己的种子弹到15米远的地方，虽然这种传播方式散布距离有限，不过被弹射出去的种子还可能被动物们吃掉，从而会有第二次传播机会。

植物为什么要将种子传播那么远?

这是为了它们的繁衍。因为如果种子离母株比较近，那生长的时候就会为土壤、水源和阳光进行激烈的竞争，结果谁也生长不好。而且，一种植物的种子传播范围越广，那它灭绝的可能性就越小，即使一个地方的植物受到了毁灭性的打击，如火山喷发、特大洪水和森林火灾等自然灾害，其他地方的这种植物还可以继续繁衍它们的下一代。

## 为什么多数植物是绿色的

为什么大多数植物都是绿色的？

叶子中的叶绿体是植物进行光合作用的“工厂”。叶绿体中最主要的色素是绿色的叶绿素，此外还有橙黄色的胡萝卜素和黄色的叶黄素，它们分别能吸收不同光谱的光进行光合作用。胡萝卜素和叶黄素主要吸收它的补光，即蓝光和蓝绿光；叶绿素主要吸收红光和蓝紫光，对红光和蓝紫光之间的橙、黄、绿色光吸收很少，其中尤以对绿光吸收最少，这样，才使绿光能够反射出去。被吸收的光我们是看不见的，植物的叶子反射的光才能被我们的眼睛所看见。在自然界中，绝大多数植物叶子含叶绿素最多，所以在我们的眼睛看来，植物的叶子一般都是呈现绿色的。

从理想的情况来说，叶子颜色应该是黑色的，因为这样它就可以吸收所有颜色的光，以便于最大限度地用这些光进行光合作用，来制造更多的养分。然而，大自然为什么“选择”了绿色呢？

这就要从远古谈起了。地球上最初的植物是生活在海洋里的，因为能够透进海洋里的光是很少的，所以，当时的植物要想进行光合作用，必须要吸收所有颜色的光才够制造自己的养分。因此，植物就呈现很暗的颜色，就像我们现在吃的海带那样。生活在深水中的红藻含有一种叫藻红蛋白的物质，它就可以吸收很多种颜色的光，所以红藻的叶子几乎是黑色的，这对在深水中进行光合作用是最理想的。

后来，地壳运动使海洋变成了陆地，植物必须适应这种环境变化。现在，它们生活在有充足光线的地方，再像原来那样，吸收所有颜色的光就容易被光线灼伤了。所以，绝大部分的陆生植物，绿光完全没被吸收利用，而是全都被反射出去了。我们眼睛接受到植物反射的绿色光线，所以看到植物是呈现绿色的。

## 植物有血型吗

植物所谓的“血”，指的是植物的体液（营养液）。植物的“血型”，实际是由体液中某种细胞的不同外膜结构决定的。当植物的糖链合成达到一定的强度时，它的尖端就会形成血型物质，因此植物同样具有血型。

血型物质的化学本质是构成血型抗原的糖蛋白或糖脂，而血型的特异性主要取决于血型抗原糖链的组成。人和动物有血型，这是人所共知的事。而不会行动的植物也有血型，你听说过吗？

其实，植物不但有血型，而且和人一样，也分几种血型。人的血型一般分为A型、B型、AB型和O型等；植物则分为B型、AB型、O型等，至今还未发现A型。目前已知“血型”为O型的植物有萝卜、辣椒、海带、芜菁、葡萄、西瓜、苹果、梨、草莓、南天竹、辛夷、山茶、山槭、卫矛等；AB型植物有李子、荞麦、花椒、金银花等；B型植物有大黄杨、罗汉松、珊瑚树、扶劳藤、枝状水藻等。有趣的是，枫树有O型和AB型两种血型，到了秋天，“血型”为O型的树叶变红，AB型的则泛黄。

科学家们怎样对植物进行血型鉴定呢？人体血型鉴定，是用抗体鉴定人体内是否存在某种特殊的糖。科学家鉴定植物血型的方法是将人体或动物血液分离出来的抗体与植物的汁液混合，然后观察抗体与植物体内汁液的反应情况，由此即可得知植物血型。

## 植物也有脉搏吗

近年，一些植物学家在研究植物树干增粗速度时发现，植物也有着自己独特的“情感世界”，还具有明显的规律性。植物树干有类似人类“脉搏”一张一缩跳动的奇异现象，那么，植物的“脉搏”究竟是怎么回事?

每逢晴天丽日，太阳刚从东方升起时，植物的树干就开始收缩，一直延续到夕阳西下。到了夜间，树干停止收缩，开始膨胀，并且会一直延续到第二天早晨。植物这种日细夜粗的搏动，每天周而复始，但每一次搏动，膨胀总略大于收缩，于是，树干就这样逐渐增粗长大了。不过，遇到下雨天，树干就会不分昼夜地持续增粗，直到雨后转晴，树干才又重新开始收缩，这算得上是植物“脉搏”的一个“病态”特征。

如此奇怪的脉搏现象，是由植物体内水分运动引起的。经过精确测量，科学家发现，当植物根部吸收水分与叶面蒸腾的水分一样多时，树干基本上不会发生粗细变化。但如果吸收的水分超过蒸腾水分时，树干就要增粗，相反，蒸腾水分超过吸收水分时树干就会收缩。了解这个道理，植物的“脉搏”就很容易理解了。

在夜晚，植物气孔总是关闭着的，这使水分蒸腾大大减少，所以树就增粗。而白天，植物的大多数气孔都开放，水分蒸腾增加，树干就趋于收缩。许多木本植物都有这种“脉搏”现象，其中，“脉搏”现象特别明显的当属一些速生的阔叶树种。

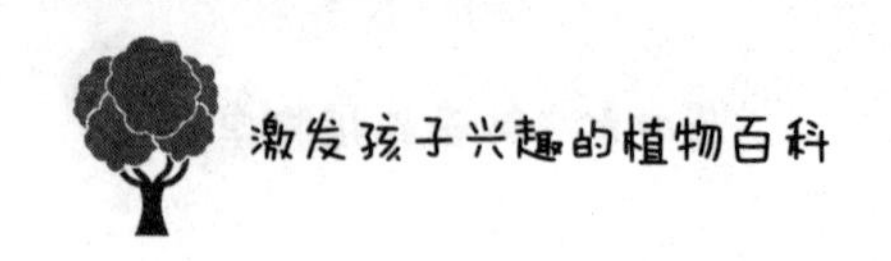


## 植物为什么没有学会移动

俗话说“人挪活，树挪死”，实际上，这句话可以理解为动植物有着不同的进化发展方式。动物的进化是发展出各种复杂的器官，以便更容易从别的生物那里获得生存能量，而植物则是以简单的生命形式获得更稳定的能量合成机制。所以植物需要稳定的外界环境，动物则需要到处奔波寻食，从开始就是走了两条不同的进化道路。

抛开进化方向的区别，如果植物需要快速运动的能力，那么它首先需要由具有主动运动的细胞组成，就像动物的肌肉那样，而植物最大的一个共同特征是具有厚实的细胞壁，这种细胞结构十分坚实，起到了比动物细胞更优越的保护作用，也是能够形成木质纤维结构的原因。不过因此植物也失去了细胞的柔性，无法像动物细胞那样随意变形。假如说在进化的过程中某个植物生长出类似动物的细胞结构，那么它是没有办法支撑其枝体的生长发育的，在幼生阶段就会死去。

即便植物能够拥有动物一般的肌肉组织，它还需要能够储备大量的能量，并具有在短时间内提供能量给这些组织的方式，就像动物的血液、脂肪和心脏。以上这样需要满足的条件还有很多，只要有一个条件满足不了就无法达成运动的目的。而假如要一种植物发生突变，从完全不同的生命形式一次性完成这么多异变，不啻于葫芦娃的传说一般神奇。这也从另一方面说明，植物和动物这根本是两种不同的生命发展方向，不可能产生交集。

不过说植物完全没有移动能力也并不完全正确，比如我们常见的向日葵，它的花盘会跟随太阳的方位移动，而很多树的叶子也会有微小缓慢的角度变化以获得更多的光照强度。再比如藤类植物的幼芽总会不停地寻找可以攀附的物体以继续生长。

自然有自然的选择，能动不见得就是优越，比如植物的寿命普遍高于动物，存活几千年的古树并不稀奇；再比如几亿年前的植物仍然存在的有很多，比如很多蕨类、藻类植物，而几亿年前的动物已经寥寥无几；数千年前冰冻的植物果实依然具有活性，可以生长发育，而几千年前冰冻的动物早就成了“老腊肉”。这些都说明植物对于环境的适应能力事实上远超动物种群，完全不需要进化出移动的能力。

## 地球上先有树还是先有草

按照时间顺序，是先有树还是先有草？这个问题或许并不像你想的那么简单。

对于种子植物来说，裸子植物先于被子植物出现，而裸子植物都是木本植物，所以对于种子植物来说木本植物早于草本植物出现。另外，种子植物中草本植物往往比木本植物高等，目前认为被子植物中最为高等的菊科就是草本植物。而比种子植物更早出现的蕨类植物中，无论低等的拟蕨类还是高等的真蕨类，都具有木本和草本，虽然目前存留的大多是草本，但木本蕨类在远古时期确实繁盛一时。再往前推，就是绿藻类演化而来的第一种陆生植物——裸蕨，现在已经灭绝。裸蕨有草本也有木本，但是因为已经灭绝，仅有化石可以考证，所以到底是草本先出现还是木本先出现的，到此就难以推断了。

地球上的植物，最早脱胎于海洋的绿藻，它们刚来到陆地上生存时，并没有根和茎，因此只能贴着潮湿的地面生长。但是苔藓并不是草，当然也不是树。最早的蕨类植物，拥有了两项技能：长根，然后向土壤深处挖掘（那时候并没有土壤，而是腐烂有机质）；长高，向天空攫取更多的阳光。于是，在鱼类走向陆地的时候，它们看到的应该是参天的裸子植物和蕨类，如银杏、松树、柏树、苏铁等，除了这些植物以外，就是先其登陆的节肢动物。捕食，成了第一批登陆的鱼类最忙碌的事。这时候，植食性恐龙和植物之间，仿佛开展了一场竞赛，植物越长越高，恐龙的脖子也越来越长，最终形成了树木繁茂的地球生态，到处都是参天大树，而草还没有出现。实际上，草被认为最初出现在恐龙时代末期。这些看起来茎干柔弱的植物，实际上比高大的树木更具有进化优势呢。

## 植物里的“曲线方程”

即便你不是画家，但如果你具备一定的数学知识，也可以画出优美的植物，因为，植物的优美造型总是和特定的“曲线方程”密切相关。

17世纪，法国著名数学家笛卡尔根据自己所研究的一簇花瓣和叶形的曲线特征，列出了“$x^3+y^3-3axy=0$”的曲线方程式，使人们认识到了植物叶子和花朵的形态的数学规律性。在这个方程里，只要你变换一下参数“$a$”的值，就可以描绘出许多种叶子或花瓣的外形图。这个曲线方程就是现代数学中有名的“笛卡尔叶线”，数学家还给它取了一个富有诗意的名字——“茉莉花瓣曲线”。

后来又有不少学者对三叶草、酸模、睡莲、槭树、垂柳、常春藤等植物的花和叶进行了研究，并找到了描绘它们的曲线方程：$\rho=a\sin k\varphi$，其中$a$和$k$是常数，$k$的大小确定花瓣的数量和形态，$a$的大小确定花瓣的长度。在现代数学中，这类能够描绘花叶外部轮廓的曲线，被统称为“玫瑰形线”。

科学家还把植物的螺旋状缠绕茎所呈现的曲线称为“生命螺旋线”。的确，菟丝子等藤蔓类植物总是以螺旋线的造型攀附于邻近的植物，以便在树林里争夺阳光，获取营养，来保证自己的生存。在植物王国中，人们很容易发现螺旋线这种迷人的数学曲线。

为什么植物的许多造型会包含着富有个性特征的“曲线方程”？科学

家认为，许多植物造型选择“曲线方程”，首先表明植物发展变化的有序性；其次，植物在造型上选择“曲线方程”模式，有减少阻力和防积水的作用，还有抗倒伏的效果。由此可见，“曲线方程”造型模式是植物在长期生存斗争中形成的“智慧结晶”。

植物的造型智慧不但增强了自身的生存能力，还激发了人类越来越多的创造灵感。在流体工程技术方面，人们创造出了具有螺旋线形状的水轮机导管，从而降低了水在导管里运输过程中的能量消耗。至于“茉莉花瓣曲线”和“玫瑰形线”，人们可以任意改变这些曲线方程的参数数值，绘制出无数美丽的叶子和花朵图案，用它们来作为美化生活的装饰图。

## 奇妙的“斐波那契数列”

科学家发现，植物的叶子、花瓣和果实的数目，都和一个奇特的数列非常吻合，那就是著名的斐波那契数列。斐波那契数列是指这样一个数列：1、1、2、3、5、8、13、21、34、55、89……这个数列有一个规律，就是从第3个数字开始，每一个数字都是前二项之和。说来也怪，植物身上许多地方，都或多或少地与这个数列有关系。

只要你略微留意一下就会发现，植物叶子相互之间的排列是有序的。我们不妨以桃树叶为例，任意取一个桃树叶子的叶柄基部（即叶柄开始的部位）作为起点，向上用线连接各个叶子的叶柄基部，就可以发现这是一条显而易见的螺旋线，我们沿着这条螺旋线盘旋而上，直到有一片叶子的叶柄基部恰好与起点叶的叶柄基部在垂直方向上完全重合，这个点就可以看作是螺旋线终点。人们把从起点到终点之间的螺旋线绕茎周数，称为叶序周。通过观察，我们会发现桃树叶子的叶序周为2，也就是从起点到终点的螺旋线在树枝上绕了两周，而在2周的螺旋空间里，排列了5片桃树叶。各种植物的叶序周都呈现出一个明显的排列规律：例如榆，叶序周为1，有2叶；桑，叶序周为1，有3叶；梨，叶序周为3，有8叶；杏，叶序周为5，有13叶；松，叶序周为8，有21叶。用分数表示分别为：1/2、1/3、3/8、5/13、8/21。这里，叶序的周数为分子，叶数为分母，而它们全都是由斐波那契数列的数组成的，而且分子和分母的数字在斐波那契数列里均间隔一个数字，这些是最常见的叶序公式。据植物学家推测，大约有90%的植物属于这类叶序。

不仅植物的叶子，植物的花朵也喜欢按斐波那契数列排列。你看，花卉中最常见的花瓣数目就是5枚，像梅、桃、李、樱、杏、苹果、梨等，都开5瓣花。另外鸢尾花、百合花的花瓣有3枚，飞燕草等的花瓣有8枚，瓜叶菊等的花瓣有13枚，向日葵的花瓣有的是21枚，有的是34枚，雏菊的花瓣有34、55或89枚。总之，大部分花的花瓣的总数大都选择斐波那契数列里的数字，而数列之外的花瓣数目则比较少见。

许多植物果实或种子的排列也符合斐波那契数列。如果观察向日葵的花盘，你会发现其种子的排列组成了两组相嵌在一起的螺旋线，一组是顺时针方向，一组是逆时针方向。再数数这些螺旋线的种子数目，你会发现，这两组螺旋线的种子数量要么是21和34，要么是34和55，或是55和89，每组数字都是斐波那契数列中相邻的两个数，其中每组前一个数字是顺时针螺旋线上的，后一个数字是逆时针螺旋线上的。再看看菠萝上的鳞片排列，它们虽然不像向日葵花盘排列得那么复杂，但也存在类似的两组螺旋线，其鳞片数目通常是8和13。

为什么植物的叶子、花瓣和果实会按照斐波那契数列进行排列？是不是这个数列本身揭示出了某种自然法则？现在这还是个谜团。不过，这个看似平凡的数列现在已经吸引了许多学科的科学家的注意力，也许用不了太长的时间，科学家就能发现这个平凡数列里所包藏的“伟大”之处。

## 植物世界的“黄金角”排列

车前草是我国西北地区常见的一种小草，如果仔细观察，你会发现，车前草叶片那按螺旋线轨迹向上排列的叶柄基部，相邻两者之间的弧度大小非常相近，都接近137.5°。许多植物的叶子像车前草一样，都遵循这种排列模式。科学家发现，按照这种排列模式，叶子可以占有尽可能多的空间，并尽可能多地获取阳光，或承接尽可能多的雨水。

我们熟悉的向日葵种子的排列模式也与车前草一样。数学家观察向日葵种子时发现，它们都是按照一个恒定的弧度沿着螺旋轨迹发散，而这个螺旋线的弧度就是137.5°。向日葵的种子排列为什么按照这个弧度发散?

1979年，英国科学家沃格尔用计算机模拟向日葵种子的排列方法，结果发现，若向日葵排列的发散角为137.3°，那么花盘上就会出现间隙，且只能看到一组顺时针方向的螺旋线；若发散角为137.6°，花盘上也会出现间隙，而此时只会看到一组逆时针方向的螺旋线；而只有当发散角等于137.5°时，花盘上才呈现彼此紧密镶合的没有缝隙的两组反向螺旋线。这个计算结果显示，只有选择137.5°发散角的排列模式，花盘上种子的分布才最多、最紧密并且最匀称。

这137.5°角有何奇特之处？我们如果用黄金分割率0.618来划分360°的圆周，所得角度约等于222.5°，而在整个圆周内，与222.5°角对应的外

角就是137.5° ，所以137.5° 角也是圆的黄金分割角，也叫做黄金角。研究发现，一些植物的叶子、种子之所以会按照黄金角排列，是有其内在原因的。科学家做了这样一个实验：他们将能够盛装硅酮油的圆盘放进垂直磁场中，然后让硅酮油按照一定的时间间隔不断滴落在圆盘中心。当他们使圆盘边缘的磁场大于圆盘中心的磁场之后，那些滴落的油滴就会受到一股磁力的冲击，并显现出一种统一的变化模式——连续的油滴会排列成一条螺线，且螺线的发散角很接近137.5° 。这个实验说明，植物之所以会按照黄金角排列它们的叶子或果实，是地球磁场对植物长期影响造成的。但让人感到惊奇的是，由地磁影响产生的植物“黄金角”排列模式竟然发挥出了最有利于通风、采光并兼顾排列密度的最佳排列效果。这不能不再次让人感叹大自然的神工和植物的灵性。

植物的黄金角排列模式给人们很多有益的启示。建筑师们参照车前草

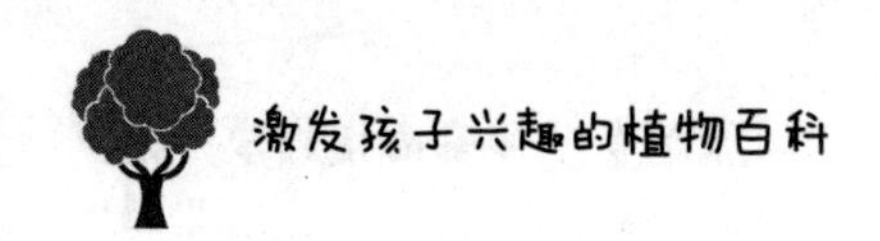


叶片排列的数学模式，设计出了新颖的“黄金角”高楼，最佳的采光效果使高楼的每个房间都能通风、明亮。我们日常生活中常用的人造扇子都是圆心角为137.5° 的扇形，因为观察发现，若将一个圆分成两个扇形，那个较小的扇形最具美感，它的角度就是137.5° 。

由此看来，植物惊人的“数学天赋”不但能给人类以智慧启迪，还能激发人类的艺术灵感。

## 竹子竟然是草

说起竹子，大家都不陌生。竹子高大挺拔，代表着高风亮节或是节节高升，深受人们的喜爱。不过竹子尽管能够拔得很高，但它并不是树。科学家们认为，准确地说，竹子是一种草。

竹子是禾本科植物，尽管长得高大，但跟玉米、甘蔗等植物比较相似。一般来说，树干中间是有年轮的，我们可以通过年轮来判断树木的年岁。但我们将竹子砍倒，就会发现它的干是中空的，这是竹子与树最大的区别。

不过，竹子确实与普通的草也有些区别，主要表现在它的茎是木质化

的，不像其他草那样柔软，这也使竹子可以长得很高，因此很多人误以为竹子是一种树。

竹子也是会开花的，不过竹子的一生只会开一次花。很少有人见过竹子开花，因为竹子开花几十年才会有一次。在条件适宜的时机，大面积的竹子会一起开花，而竹子开花之后就会慢慢枯萎死亡，这给竹子的养殖栽培带来了极大的困扰。我国可爱的国宝大熊猫就是以竹子为食的，竹子的大面积开花也给它们带来了生命威胁，20世纪80年代箭竹大面积开花就曾导致超过200头野生大熊猫死亡。

## 第08章

## 奇妙的植物故事

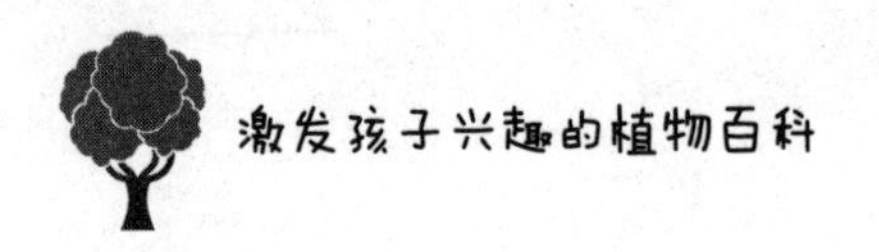


## “藕断丝连”是怎么回事

莲藕原产于印度，后来被引入中国，历史十分悠久。莲藕味微甜而且十分脆，可以做菜，药用价值也极高，莲藕还可以制成藕粉，有开胃止泻、消食滋补之功效。

莲藕长年生长在泥泞的土壤环境中，是莲巨大的地下茎，我国湖北各地区都盛产莲藕，莲藕也是当地每家每户餐桌上必备的一道菜。掰断莲藕后可以观察到断口处有很多白色的细细长长的藕丝连着，越拉越长，不容易弄干净，这是怎么回事呢？

我们要先从藕自身的生长结构说起，大自然的每种植物都需要营养供给才能不断茁壮成长，它们体内有运输水和养料的组织，叫做导管和管胞。每种植物的导管内壁都会增厚，有的呈梯形，有的呈网状，藕的导管内壁同样也会增厚，不过形成了螺旋状，被称为螺旋形导管。当我们掰断

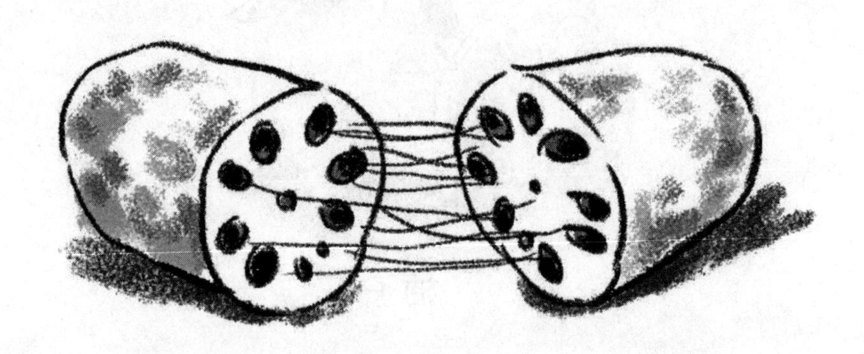

莲藕的时候，藕导管内壁的螺旋部会突然隔断，然后成为螺旋状的细丝。这些细丝就像弹簧一样，在一定限度内不会被拉断，一般细丝的直径为3～5微米，长度可以拉长至10厘米左右。

其实不仅仅藕内有藕丝，莲蓬以及荷梗中也有丝，只不过它们的丝比藕丝更细而已，如果放在显微镜下面观察，你会发现这些细丝是由3～8根更细的丝所组成的。

## “混乱的”柑橘家族

橙子、柚子、橘子颜色大小各不相同，吃起来口感也不太一样，但是这三种水果怎么看怎么有点像一家人。它们之间究竟是什么关系呢？

这三种水果在生活中简直再常见不过了，橘子个头最小，也是最酸的，中果皮非常不发达。而柚子个头最大，中果皮最厚。说起橙子，就比较中庸了，个头不大不小，酸酸甜甜，白色的中果皮也薄厚适当，这么看来，简直就是橘子和柚子的过渡。

其实，这三种水果都是芸香科柑橘属的，大家都是同科同属，关系自然比较亲密，亲到什么程度呢？没错，橙子就是橘子和柚子杂交的品种。柑橘属有三大元老——橘子、柚子和香橼，这三种水果算是柑橘属的基本种，其他柑橘属的水果可以说都是它们三个的子孙，说起来，柑橘属的关系真不是一般的混乱。

橘子和柚子杂交之后就变成了橙子，柚子和香橼杂交能够培育出青柠，而我们熟知的柠檬是青柠和橙子杂交的产物。

柑橘属的水果们几乎把每一种可以杂交的方式都尝试过了，所以才会有各种各样看起来差不多，但是实际上又有大大小小的差异的柑橘属水果。

其实，植物界有超过30万名成员，而其中超过7万个植物品种都是杂交而来的。占了整个植物界的四分之一。吃了这么多年的橙子、柚子、橘

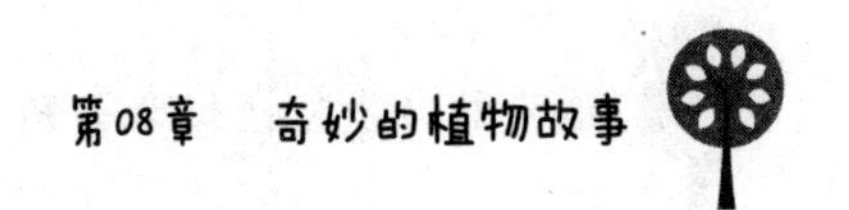

子，现在大家知道它们是一家了。

其实杂交没什么不好，我们可以依照自己的口味在各种各样的杂交品种中选出自己最爱的那一个。柑橘属水果那么多，总有一款适合你。

## 让人痛哭的洋葱

洋葱为葱属植物，栽培历史长，分布广，从热带到寒带均有栽培。作为调味料和菜品，洋葱的吃法多种多样，可以生吃、做汤、煎炸等；制成品有脱水制品、洋葱汁、洋葱油等。

洋葱有很多功能，这些功能都与其含有的化学成分密切相关。它含有多聚果糖、黄酮、甾体化合物、氨基酸、含硫化合物等。洋葱的栽培品种很多，颜色各异，不同颜色的洋葱含有的化学物质也略有差异。白皮洋葱几乎不含黄酮，黄皮洋葱中含少量黄酮，而红皮洋葱则含有花色素等物质。

说到洋葱，你一定有过被洋葱刺激到流泪的经历，这与洋葱中含有的硫化物有关。与大蒜中含有蒜氨酸不同，洋葱中含异蒜氨酸。大蒜中的蒜氨酸在大蒜捣碎时会产生蒜辣素，而洋葱中的异蒜氨酸在洋葱切碎时则会转化为丙烯基次磺酸，进一步生成催泪分子，这是催泪的关键分子。破坏掉生成催泪分子的转化酶，洋葱就会产生一种双硫化合物，这是烹饪时洋葱味道的主要成分。了解到催泪分子的生成机制后，通过基因沉默技术或辐射育种技术就可以生产出不使人流泪的洋葱啦。

## 香蕉的种子在哪里

我们生活中吃到的很多水果里面都能找到种子，比如苹果、梨子、葡萄等，就算是火龙果也能找到里面密密麻麻的种子，草莓的种子更是直接在果实的表面，那么我们吃的香蕉为什么找不到一粒种子呢？

香蕉作为一种常见的水果，深受人们的喜爱。但是由于自然灾害频发、病虫害严重，特别是受到一种具有毁灭性的香蕉病害——香蕉巴拿马病的影响，香蕉被称为最容易灭绝的水果品种。

野生香蕉是有种子的。

2017年世界自然基金会曾在东南亚湄公河地区发现了一个香蕉的野生种，里面有大量的籽粒，该种仅存于中国西部云南省与缅甸交界的地区。据了解，我国的海南省存在着较多的香蕉野生种，非洲还有一种种子硕大的香蕉野生种，这些野生种都是有种子的。

那么，我们日常吃的香蕉没有种子是如何栽培的？

现在广泛种植的香蕉有一个“父亲”、一个“母亲”，一个叫做小果野芭蕉、一个叫做野蕉。一万年前种植的香蕉只分布于东南亚地区，刚开始种植的香蕉叫小果野芭蕉，但是当时小果野芭蕉的种子硕大、坚硬，布满了整个香蕉内部，所以那个时候人们只要不是太饿就不会把香蕉作为食物来种植，当时种植它主要是利用它的叶子盖房子。

又过了几千年，小果野芭蕉随着人们的迁徙，一路向北在印度以及我国的南部沿海地区遇到了生命中的另一半——野蕉，两个物种杂交之后就产生了后代，经过几千年的进化，又经过人们的选育，现在的香蕉种子已经退化，以致完全消失了。

没有种子的香蕉是怎么繁殖的？

我们现在吃的香蕉可以通过分株、分芽的方式来繁殖，而随着组织培养技术的发展，利用香蕉的组织进行无菌培养，然后给予适当的外界调节，就能大批量地生产出香蕉幼苗，一个百平米大的组织培养室，一年能够生产出香蕉幼苗几十万株。所以大家不用担心香蕉没有种子就吃不到香蕉。

## 一颗草莓有多少颗籽

草莓个头小，颜色红艳，小巧的外形和百搭的口味让很多人对它青睐有加。吃草莓是一件很轻松的事情，不用剥果皮，不用吐果核，只需要将草莓顶上的蒂去掉，然后放进清水里浸泡冲洗，就能享受美味。草莓的籽镶嵌在果肉上，因为可以食用，还能带来口感上的差异，所以很少有人在吃草莓的时候想要去掉籽，这种行为无异于吃火龙果想吐籽。

但的确有人想要把草莓外面那些果籽去掉，甚至还想数一数一颗草莓上的果籽到底有多少颗。有研究草莓的学者表示，一颗草莓大概有200颗左右的果籽。

我们现在吃的草莓，是经过改良的。最初的草莓并不是什么好吃的水果，它们个头小，吃起来酸涩，不适合人类食用。直到果农们通过多倍体育种改良草莓的品种，这种又小又酸的水果才开始变得好吃起来，就连体型也得到改变，变得越来越大，有的甚至和人类的手掌一样大。

还有一些草莓，长得奇形怪状，看起来就好像几颗草莓杂糅在一起。事实上，这的确是几颗草莓生长在一起的结果，并不是加了什么药剂变成的，这种草莓也被称为“畸形草莓”。这种畸形草莓可以食用，味道也不错，它的产生是因为“染色体倍数”增多后，原本一只花托长一颗果实，现在多颗果实一起生长，长着长着就连接到一起去了。

## 彩色玉米是怎么种出来的

常见的玉米都是黄色的，但现在我们也会见到多种颜色相间的彩色玉米，它们是怎么种出来的呢？

玉米是异花授粉的植物，雌雄同株，主要通过蜜蜂将雄花花粉传播到雌花花蕊上完成授粉，如果相邻的两块地里种的不是同品种的玉米，当一种玉米的花粉随风飘散到其他种类的玉米花蕊上的时候，不同品种之间的玉米就会出现杂交，如果不同品种的玉米粒的颜色是不同的，就可能使同一个玉米棒上的玉米粒出现不同的颜色。

同一种植物的果实拥有不同的颜色并不稀奇，比如辣椒就有红色、绿色等不同颜色的果实。不过辣椒只有一个果实，而一个玉米棒上有很多果实，每个玉米粒都是一个果实，不同的玉米粒颜色也就有可能不同。玉米粒不同的颜色是由色素造成的，不过这些色素都是由玉米自身产生，并不是外界为它染上的色彩。现在的彩色玉米种子都是由育种专家选育出来的，大家在看到漂亮的彩色玉米时，也可以放心食用。

## 改变味觉的神秘果

神秘果原产地在加纳、刚果一带，20世纪60年代引入我国。它的果肉中含有一种叫神秘果素的糖蛋白成分，虽然并不能真正地改变食物的味道，但可破坏人的味觉，产生增甜作用，不论你口中原来是酸甜苦辣任何滋味，吃一颗神秘果，都能马上品出它的甘甜味道。这种神秘功效，是由于它含有一种俗称“变味素”的蛋白质，能使人们的味觉神经末梢对食物味道的反应发生变化。比如说你在吃柠檬之前吃个神秘果，就感觉不到酸味了，而感受到的是甜味。

## 有花的无花果

无花果真的没有花吗？

无花果只是看上去没花，其实它是有花的。相比于那些把花开得灿烂无比、招蜂引蝶的显花植物来说，无花果是隐花植物。

无花果为什么看起来没有花？

无花果的花没有花瓣，只有小小的花蕊，硕大的花托就像包包子一样把花蕊包起来，只在顶上露出一点粉红色的雄蕊，不仔细看还发现不了。被包在花托里的雌蕊沿着花托里面的四壁生长。

其实，我们吃的无花果不是果实，而是一朵花，是由硕大的花托、花蕊等发育形成的复果。掰开无花果时，会见到里面有丝状物和许多小籽，丝状物就是花蕊，小籽就是受粉而结出的种子。

无花果的花是怎么授粉的呢？

无花果的花蕊藏在花托里，风吹不出花粉，昆虫们也不容易进出采食花粉。那无花果怎样将花粉送到该去的地方呢？聪明的无花果在花托的顶部留了一个很小的孔，只允许一种昆虫来帮它授粉。担当此项艰巨任务的昆虫自然需要具备过硬的对付无花果的专业技术，而具备这种专业技术的就是小黄蜂。

小黄蜂会把卵产在无花果的花里面。当幼小的无花果成长时，蜂卵也在一天天成长，它们配合得简直就是天衣无缝。花序长大了，卵羽化成小黄蜂。小黄蜂在花里绕来绕去，身上沾着花粉粒，从无花果顶部小孔飞出来，又飞到另一个无花果中去产卵，帮助无花果授粉，雌花被授粉后，就会结出种子。

这种小黄蜂和无花果的“亲密”伙伴关系至少已经存在了上万年。我们在无花果里会吃出小黄蜂吗？不会。无花果里有一种无花果酶，这种酶可以把小黄蜂尸体分解成蛋白质，彻底消化吸收小黄蜂的尸体。像无花果这样由专门的小黄蜂来完成授粉的植物还有榕树、菩提树、橡皮树和薜荔。

## 松脂凝结的琥珀

琥珀是数千万年前松树的树脂，它埋藏于地下，经过漫长的化学作用变成了透明的化石。

松脂是松树体内的油脂，具有防冻作用，能保护松树抵抗寒冷的天气。松树之所以会形成松脂是因为松树针叶进行光合作用生成的糖类，经过复杂的生物化学变化，在松树的薄壁细胞中形成松脂，进而渗入像血管一样的树脂道里。松树受伤时，松脂就会从树脂道里流出来。

树脂道是松树特有的结构，采割松脂时，只要割伤树干外缘木质部，松脂就会通过树脂道外流。刚流出来的松脂是无色透明的油状液体，暴露在空气中后逐渐变稠，最后成为白色或黄色的固态物质——毛松香。

琥珀是怎么形成的?

我们现在看到的琥珀都是4000万～6000万年前，松柏科植物的树脂化石。松脂形成琥珀是非常难得的，它需要天气热到让松树分泌出松脂，形成松脂球，还需要地壳变动，将松脂球长时间埋在地下，经过漫长的岁月之后才能形成化石。琥珀表面常保留着当初树脂流动时产生的纹路，内部经常可见气泡及古老昆虫或植物碎屑。这些都为科学家揭开远古时代大自然的奥秘提供了重要的线索。

## 只有两片叶子的百岁兰

百岁兰为什么只有两片叶子?

百岁兰生活在干旱的非洲沙漠中，那里经常几年不下雨，太多叶子会让水分蒸发得更多。为了维持基本的生存，百岁兰只需要最少的两片叶子，既美观又节约能源。

百岁兰真的能活一百岁吗?

尽管百岁兰只有两片叶子，又生活在干旱的纳米布沙漠，但百岁兰是一种长寿植物。植物学家研究发现，百岁兰的平均寿命为500～600年，已知最老的一株年龄已经有2000岁了。百岁兰有着长长的主根，这些根吸收地下深处的水，当百岁兰遭遇沙漠大风时，这些根能保证百岁兰不被大风刮跑。此外，百岁兰的每片叶子都有30厘米宽，2～3米长，叶子里有许多特殊的吸水组织，能够吸收空气中的少量水分。百岁兰正是靠着这两片大叶子储存大量水分，顽强地活下来的。

百岁兰的两片叶子会凋零吗?

百岁兰两片长长的叶子沿着平行脉被撕裂成许多狭条，狂风一吹便散乱扭曲，犹如一只只爬在沙滩上的大章鱼，但这两片叶子看起来似乎永不衰老和凋零。事实上，两片叶子的末端或因衰老而死去、或因气候干燥而枯萎、或因风沙扑打而断裂，但两片叶子的基部不断生长，以补充叶末端

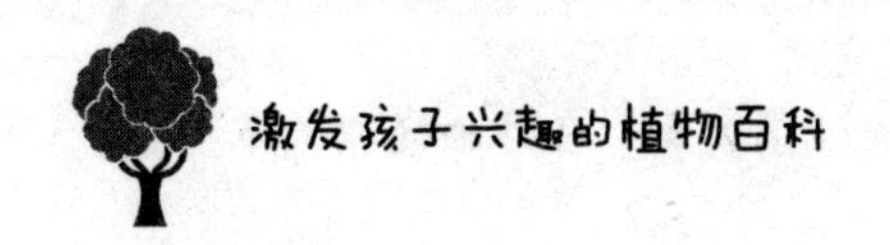


的损失。这使人们误以为它的叶子既不会衰老，也不会损伤。其实我们看到的叶片都是比较年轻的，老的早已消失了。

# 参考文献


[1]稻垣荣洋.有趣得让人睡不着的植物[M].北京：北京时代华文书局，2019.

[2]李慕心 .植物百科[M].长春：北方妇女儿童出版社，2016.

[3]李继勇.儿童植物百科全书[M].北京：民主与建设出版社，2018.

[4]李敏.植物星球[M].成都：成都地图出版社，2019.